高职高专艺术设计类专业系列教材

YINSHUA GONGYI

印刷工艺

主 编 余 辉 魏 猛

副主编 韩佩妘 曾 婧

U0190527

重庆大学出版社

图书在版编目（CIP）数据

印刷工艺 / 余辉, 魏猛主编. -- 重庆 : 重庆大学
出版社, 2018.1（2022.2重印）
高职高专艺术设计类专业系列教材
ISBN 978-7-5689-0613-5

Ⅰ.①印… Ⅱ.①余… ②魏… Ⅲ.①印刷—生产工
艺—高等职业教育—教材 Ⅳ.①TS805

中国版本图书馆CIP数据核字（2017）第146309号

高职高专艺术设计类专业系列教材

印刷工艺
YINSHUA GONGYI

主　编　余　辉　魏　猛
副主编　韩佩妘　曾　婧
策划编辑：席远航　张菱芷　蹇　佳
责任编辑：李桂英　　　版式设计：原豆设计（王敏）
责任校对：张红梅　　　责任印制：赵　晟

重庆大学出版社出版发行
出版人：饶帮华
社址：重庆市沙坪坝区大学城西路21号
邮编：401331
电话：（023）88617190　88617185（中小学）
传真：（023）88617186　88617166
网址：http://www.cqup.com.cn
邮箱：fxk@cqup.com.cn（营销中心）
全国新华书店经销
印刷：重庆市联谊印务有限公司

开本：787mm×1092mm　1/16　印张：8.5　字数：263千
2018年1月第1版　　2022年2月第2次印刷
ISBN　978-7-5689-0613-5　定价：49.00元

序

我国人口13亿之巨，如何提高人口素质，把巨大的人口压力转变成人力资源的优势，是建设资源节约型、环境友好型社会，实现经济发展方式转变的关键。高职教育承担着为各行各业培养输送与行业岗位相适应的高技能人才的重任。大力发展职业教育有利于改善经济结构，有利于经济增长方式的转变，是实施"科教兴国，人才强国"战略的有效手段，是推进新型工业化进程的客观需要，是我国在经济全球化条件下日益激烈的综合国力竞争中得以制胜的必要保障。

高等职业教育艺术设计教育的教学模式满足了工业化时代的人才需求；专业的设置、衍生及细分是应对信息时代的改革措施。然而，在中国经济飞速发展的过程中，中国的艺术设计教育却一直在被动地跟进。未来的学习，将更加个性化、自主化，因为吸收知识的渠道遍布在每个角落；未来的学校，将更加注重引导和服务，因为学生真正需要的是目标的树立与素质的提升。在探索过程中，如何提出一套具有前瞻性、系统性、创新性、具体性的课程改革方法将成为值得研究的课题。

进入21世纪的第二个十年，基于云技术和物联网的大数据时代已经深刻而鲜活地展现在我们面前。当前的艺术设计教育体系将被重新建构，同时也被赋予新的生机。本套教材组织了一大批具有丰富市场实践经验的高校艺术设计教师作为编写团队。在充分研究设计发展历史和设计教育、设计产业、市场趋势的基础上，不断梳理、研讨、明确了当下高职教育和艺术设计教育的本质与使命。

曾几何时，我们在千头万绪的高职教育实践活动中寻觅，在浩如烟海的教育文献中求索，矢志找到破解高职毕业设计教学难题的钥匙。功夫不负有心人，我们的视界最终聚合在三个问题上：一是高职教育的现代化。高职教育从自身的特点出发，需要在教育观念、教育体制、教育内容、教育方法、教育评价等方面不断进行改革和创新，才能与中国社会现代化同步发展。二是创意产业的发展和高职艺术教育的创新。创意产业作为文化、科技和经济深度融合的产物，凭借其独特的产业价值取向、广泛的覆盖领域和快速的成长方式，被公认为21世纪全球最有前途的产业之一。从创意产业发展的视野，谋划高职艺术设计和传媒类专业教育改革和发展，才能实现跨越式的发展。三是对高等职业教育本质的审思。从"高等""职业""教育"三个关键词来看，高等职业教育必须为学生的职业岗位能力和终身发展奠基，必须促进学生职业能力的养成。

在这个以科技进步、人才为支撑的竞争激烈的新时代，实现综合国力强盛不衰，中华民族的伟大复兴，科教兴国，人才强国，赋予了职业教育任重而道远的神圣使命。艺术设计类专业用镜头和画面、用线条和色彩、用刻刀与笔触、用创意和灵感，点燃了创作的火花，在创新与传承中诠释着职业教育的魅力。

重庆工商职业学院传媒艺术学院副院长

教育部高职艺术设计教学指导委员会委员

徐 江

前言

　　印刷是实现设计与成品转化衔接的必要工具，印刷工艺能最大限度缩小设计与成品间差异。本书通过与长江日报报业集团印务总公司合作，共同编写。编者结合多年的工作经验和教学经验，按任务驱动模式进行编写，让学生掌握印刷工艺知识和技术要求，从而培养学生印前设计处理的实践能力。

　　本书根据专业人才培养目标，以印刷工艺在设计工作中的典型任务为载体，按照印前设计工作的流程，选择了原稿数字化、印前设计、印刷材料与报价、印后加工工艺等项目。充分体现了教学的实践性、真实性和开放性。

　　本书内容增加了印刷成本预算与专业术语介绍实践，增加学生经验，提高学生项目承接能力，为学生创业提供可能性。还增加了印刷工艺图像输入与输出实践，强调印刷技术应用的实践性与项目工作中技术要求的连续性。

　　重庆大学城市科技学院韩佩妘和广西科技大学曾婧参与了本书编写。本书在编写过程中，得到了长江日报报业集团印务总公司及相关领导和老师的大力支持和帮助，参考了《印刷设计与工艺》（华中科技大学出版社）等国内外相关的教材、专著及图片，在此对相关人员一并表示感谢！由于编者水平有限，不当之处在所难免，敬请读者批评指正！

余　辉　魏　猛

目录

5 印前设计

6 印刷设计制作

7 印刷工艺

8 印刷后加工

9 印刷设计实例与欣赏

印刷工艺认知

教学目的和要求

（1）了解印刷流程和工艺，能根据不同印刷工艺特点选择印刷版型。

（2）了解平面软件与印刷的关系。

教学重点

印刷工艺特点与印刷版型选择。

教学难点

印刷版新工艺。

教学方法和手段

讲解、演示。

1.1 印刷技术发展历史

从殷商时代的甲骨文、周朝的钟鼎文，再到秦朝统一文字，文字逐渐规范。文字的发明是人类文明的一大进步，文字能使语言信息准确、完整、形象地重现。汉字的发明及广泛运用，为印刷术的发明奠定了有力的基础，并为以后的刻石、刻木、抄书、印书创造了有利的条件。

我国最早发明的是雕版印刷术，使用时间也是最长的。雕版印刷术的出现，标志着印刷术的诞生。后唐明宗长兴三年（公元932年），宰相冯道奏请朝廷获准，开始印制我国历史上第一部官方刻印《九经》，历时20余年。在明朝史学家邵经帮所著的《弘简录》中，有唐太宗梓行长孙皇后所撰《女则》十篇的记载，其中的"梓行"就是指雕版印刷。唐代王阶刻的《金刚经》首页如图1-1所示。

图1-1　《金刚经》首页图

雕版印刷的过程，是在木板上雕刻文字和图像，再经过刷墨、铺纸、压力后所得到的一个复制品的工艺过程。材料一般采用硬度较强的木材，锯开、刨平、刷糨糊，然后把写好字的透明薄纸贴在木板上，文字图像朝下，待干燥后再雕刻出反向凸起的文字及图像，经过在版面上刷墨、铺纸、加压后得到正写的文字图像印刷制品。古代雕版印刷作坊如图1-2所示。

明朝年间，南京胡正言用饾版印制了《十竹斋画谱》。其颜色艳丽、浓淡适宜、画面生动，作品的价值很高，一直被视为珍品流传至今。饾版是将彩色画稿按照不同的颜色分别勾摹下来，每种颜色刻成一块小木板，然后依次逐色套印或迭印，最后形成完整的彩色画面。因为一块块镌雕的小木板形似饾饤，故称饾版。世界上最早的印刷纸币是宋朝的"交子"，如图1-3所示。

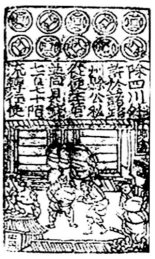

图1-2　古代雕版印刷作坊

图1-3　最早的纸币"交子"

　　宋代是我国印刷发展的高峰期。约1090年，在木刻的基础上又发明了一种快速雕版印刷法——蜡版印刷。蜡版的印刷方法是蜂蜡掺和松脂融化后，在木板上轻轻地涂上一层，待蜡质硬化后在蜡版上用刀刻字，蜡版上刻字比在木板上刻字轻松得多。因此，蜡雕版印刷方法的效率大大高于木雕版印刷方法的效率。从此，我国印刷技术又前进了一步。

　　蜡版印刷是雕版印刷的一种。在蜡上可以快速刻出字来，所以朝廷的重要消息和命令，要求立即张贴示众的告示，常常采用蜡版印刷。宋代蜡版印刷如图1-4所示。

　　宋代，雕版印刷术已相当发达，从官方到民间，从京都到边远城镇都有刻书行业。官方刻书以儒家经典为主，涉及地理、医药、农业、天文算法等方面的经典。民间刻书称之为"家刻本"或"家塾本"，刻工除翻刻经文以外，以文集居多，以营利为目的。书坊刻印书一般作为商品流通，书坊主拥有自己的写工、刻工和印工。有的书坊主以刻书为业，甚至代代相承。因此，当时各种官刻本、私刻本、坊刻本纷纷出现，极为兴隆。历史巨著《资治通鉴》就是在这个时期刻印问世的。《资治通鉴》刻印本如图1-5所示。

图1-4　宋代蜡版印刷

图1-5　《资治通鉴》刻印本

　　宋朝仁宗庆历年间（1041—1048年），平民毕昇发明了胶泥活字印刷术，创造了世界上第一副胶泥活字。毕昇和他发明的泥活字印刷如图1-6所示。

图1-6　毕昇和泥活字印刷

　　活字印刷术的发明是我国劳动人民对人类文明的又一次伟大贡献。活字印刷术具有明显的优越性，既经济又方便，因而逐渐取代了雕版印刷术。

　　元代元贞二年（1296年），王祯在发明木活字的基础上，又发明了转轮排字架。其将木制的单字分别排放在韵轮和杂字轮两个转轮排字盘上，在排版时，一人按文稿内容念出字韵，另一个人在两个转轮间按字韵拣字，大大减轻了劳动强度并提高了生产效率。尤其重要的是，王祯将制造木活字、拣字、排字、印刷的全部过程都系统地总结和记载下来，并编写成一本《造活字印书法》，是世界上最早讲述活字印刷术的专门文献。明清两代木活字非常流行，清政府曾用木活字印成《武英殿聚珍版丛书》，共2300多卷。明孝宗弘治年间（15世纪末期），无锡人华燧首创铜活字，并使用铜活字印了《宋诸臣奏议》等书籍，也是现存最早的铜活字的书本。元代蝴蝶装书籍《梦溪笔谈》如图1-7所示。

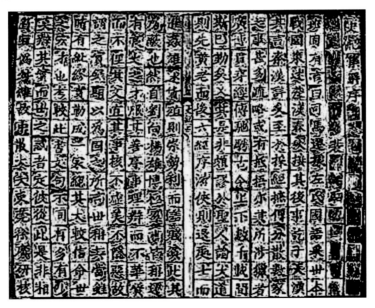

图1-7　《梦溪笔谈》

　　印刷术发明以后，从公元7世纪开始，留学派、回国人士通过贸易等途径，将印刷技术传播到国外。中国的印刷术，对人类文明的发展和社会进步都具有重要影响，对世界文明的发展也作出了巨大贡献。由于我国长期处在封建王朝的统治下，印刷术进一步发展的速度非常缓慢，甚至停滞了很长时间。印刷术在西方国家得到长足发展，到19世纪初，在我国印刷术的基础上形成了近代印刷术的西方印刷术。后来帝国主义以侵略的方式进入中国，以传教的方式又将西方的印刷术传入了我国。

德国人谷登堡在1440—1448年，发明了铅活字印刷，开辟了现代印刷术的时代，在世界印刷史上作出了突出的贡献。1807年，铅活字印刷传入中国。1819年，英国人马礼逊第一次用汉字铅活字印出了《圣经》。用铅、锡、锑材料做成活字，不仅性能更为完善，同时还提高了生产效率，延长了活字的使用寿命，在字型铸造上也基本能得到规格控制，可进行大量印刷生产，也可多次利用。所以，铅活字印刷术在世界各国得到了广泛应用，到1477年已经传遍了整个欧洲，一个多世纪以后传入亚洲。

1845年，德国生产了第一台快速印刷机，从此，印刷技术就进入了机械化生产时代。1860年，美国生产出第一批轮转机之后，德国又生产出了双色印刷机和轮转机（印报纸），到1900年，德国又生产出六色轮转机。经过一个多世纪发展，工业发达国家先后完成了印刷工业机械化的全部过程。1958年，我国北京人民机器厂制造出了高速自动双色胶印机。

随着社会的不断发展和进步，各类产业技术的不断提升，新技术、新工艺也不断进入印刷领域，促使印刷业向电子化、激光化、数字化快速发展。20世纪70年代，普及了感光树脂凸版和PS版的使用，使印刷业朝着多色高速化发展；20世纪80年代，普及了电子分色扫描机、整页拼版系统和激光照排机的应用，使排版技术取得了根本性的改革；20世纪90年代，计算机全面进入印刷领域，使彩色桌面出版系统得到全面应用。

在21世纪的今日，印刷领域已经进入电子、数据、光的世界。机械化、自动化、智能化的高科技技术，使印刷生产效率和工艺水平有了很大的提高。随着改革开放的不断深入发展，市场经济体制的不断完善，我国印刷产业的发展一定会在不久的将来赶上发达国家，使我国的印刷事业更加辉煌灿烂。

1.2

印刷要素

印刷是使用印版或其他方法将原稿上的图文信息转移到承印物上的工艺生产技术。要完成这个生产工艺过程，必须具备五大要素：原稿、印版、油墨、承印物、印刷机械。数字印刷无须使用印版，它是利用电子控制系统将图文转化为特殊格式的电子数据文件，通过计算机将数据文件转送到数字印刷机上直接控制成像，所以只需要具备四大要素。数字印刷机如图1-8所示。

1）原稿

原稿是制版、印刷最基本的条件，也是印刷被复制的对象，没有原稿，印刷就无法进行。原稿的质量优劣，直接影响到印品的质量。因此，在审核原稿图文质量时，必须用符合印刷要求的原稿进行制版，在印刷复制过程中（生产过程中），产品效果应尽量达到原稿的标准。传统的原稿依然是当前印刷复制的主要来源。原稿有很多种类，有线条原稿和连续调原稿，有透射原稿和反射原稿，有实物原稿和电子原稿等。现将常用的原稿种类进行以下分类：

①线条原稿：由黑白或彩色线条组成的图文的原稿。例如，表格、图纸、文字、地图等，其色彩深浅变化有明显的界限。

②连续调原稿：调值呈连续渐变的原稿。例如，绘画稿、不透明的黑白照片、不透明的彩色照片、透明的黑白正片、透明的彩色正片等。

③透射原稿：以透明材料为图文信息载体的原稿。主要有彩色负片、正片、反转片、黑白照片底版等。透射原稿的特点：彩色负片成色显影后，图像与被摄物相比，明暗虚实正好相反；彩色正片的明暗虚实和色彩再现均与被摄物完全相同；彩色反转片是当前最常用的原稿。彩色正片是经过彩色负片拷贝所得，而彩色反转片是直接拍摄所得到的直接效果，它的色彩层次比彩色正片更为丰富和清晰。

④反射原稿：以不透明材料为图文信息载体的原稿。例如，绘画作品、黑白照片、彩色照片、印品原稿等。

⑤实物原稿：以实物作为复制的原稿。例如，画稿、织物、任何实物等。

⑥电子原稿：以电子媒体为图文信息载体的原稿。例如，光盘、电子图文库等。

现阶段，大部分原稿都是电子文件。数字印刷机如图1-8所示。

2）印版

印版是用于传递油墨到承印物上的印刷图文信息载体。印版表面上吸墨部分就是图文信息部分，也是需要印刷的部分；不吸附油墨部分就是空白部分。在印刷时，印版图文部分黏附油墨，在机械或外来压力的作用下，将着墨图文部分转移到承印物上。

印品的印版是根据原稿的质量工艺要求及版面的特征，再选择传递油墨的方式和方法进行生产，即对印刷机种类的选择。根据原稿版面的不同需求，选择印版、版材、制版方法、印刷方式就有所不同，其主要分为凸版、平版、凹版、孔版等。

①凸版——图文部分高出非图文部分。印版上图文凸起是在同一个平面或在同一半径的弧面上，凹下去的部分就是非图文部分（空白部分）。常用的凸印印版有：铅活字版、铅版、铜锌版、橡胶版、感光树脂版等。凸版印刷如图1-9所示。

图1-8　数字印刷机

图1-9　凸版印刷

②平版——印版上图文部分和非图文部分几乎处于同一平面上，图文部分吸附油墨排斥水分，非图文部分吸附水分排斥油墨。常用的平版印版有：平版（PS版）、平凹版、平凸版、多层金属版、蛋白版等。平版印刷（PS版）如图1-10所示。

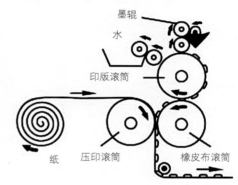

图1-10　平版印刷

③凹版——印版上的图文部分是凹陷下去的，非图文部分是凸起并几乎处于同一平面或同半径的弧面上，版面的形式结构正好与凸版相反。常用的凹印印版有：手工雕刻凹版、机械雕刻凹版、照相凹版、电子雕刻凹版。凹版印刷如图1-11所示。

④孔版——图文部分由大小不同孔洞或大小相等而数量不等的孔洞组成，油墨可通过孔洞漏到印版上。印版上的图文部分孔洞将油墨漏印在承印物上，非图文部分就不能漏进油墨，处于绝对封闭状态。常用的孔版有：誊写版、镂空版、丝网版等。孔版印刷如图1-12所示。

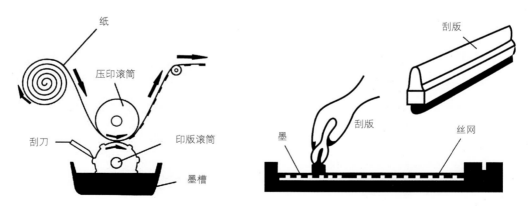

图1-11　凹版印刷

图1-12　孔版印刷

3）油墨

油墨是印刷过程中被转移到纸张或其他承印物上形成有色图像的物质。由于印刷工艺的不同和印刷材料的不同，选择油墨性能和种类也有所不同。按照印版类型可分为：凸版油墨、平版油墨、凹版油墨、孔版油墨。按照油墨干燥方式可分为：渗透干燥油墨、挥发干燥油墨、氧化结膜干燥油墨、热固型干燥油墨、紫外线干燥油墨等。油墨如图1-13所示。

柔性凸版油墨

复合凹版耐蒸煮油墨

凹版表印油墨

凹版复合环保油墨（无苯无酮）

图1-13　油墨

4）承印物

承印物是指接受油墨或其他黏附色料后能够形成所需印品的各种材料。最常用的材料有：纸张、塑料、织物、铁皮、木板、玻璃、皮革、金属等。

5）印刷机械

印刷机械是指用于生产印品的机器设备与印后加工设备。印刷机械可分为凸版印刷机、平版印刷机、凹版印刷机、孔版印刷机（丝网印刷机）、特种印刷机（移印、热转印等）、数字印刷机等；印后加工设备主要有装订设备、裁切设备、装裱覆膜烫金等特殊工艺设备。各种印刷机都可根据结构、幅面、色数等制造出各种型号的印刷机。虽然印刷机械的特性有所不同，并且种类繁多，但组成生产原理基本相同，主要为输纸、输墨、印刷、收纸等。印刷机如图1-14所示。

图1-14　印刷机

印刷工艺流程

印品的生产工艺比较复杂，无论哪种印刷产品，都必须经过印前、印刷、印后加工处理。通常过程是原稿数字化、设计与编排、印前图文处理、印刷制版、印刷、印后加工等步骤。印刷工艺流程图，如图1-15所示。

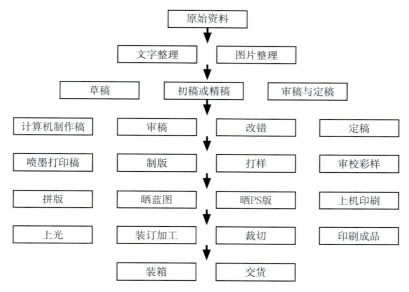

图1-15 印刷工艺流程图

印前：指印刷前期的工作，一般指摄影、设计、制作、排版、出片等。

印中：指印刷中期的工作，通过印刷机印刷出成品的过程。

印后：指印刷后期的工作，一般指印刷品的后加工，包括裁切、覆膜、模切、糊袋、装裱等，多用于宣传类和包装类印刷品。

1）原稿数字化

原稿数字化主要是指将原稿文字、图像、图形转化成计算机数字、文字、图形、图像，包括拍摄、扫描、识别等处理。为保证印刷产品的质量和成品效果，无论文字、图像、图形都应选择图文清晰、分辨率高、层次分明、色彩丰富、品质最好的原稿，对原稿中某些文字、图像、图形不足之处，应进行修正，以达到最佳效果。

2）印前图文处理

印前图文处理一般包括两个部分：一是对图文进行编辑、调整、修饰、美化、合成等处理；二是在计算机中按印刷的色彩模式、色谱、出血、分辨率、拼版等要求进行设置处理。

3）排版

排版前，应仔细检查版面的内容要求，不要出现内容遗漏的现象。排版需根据设计的版面，把图像、文字、图形合理安排在页面内，同时注意文字是否出现错误，排版一般在电脑排版软件中进行，选择适合设计画面的制作软件完成排版。

4）拼版

根据产品的要求和生产数量，选择适合的印刷机型，依照机型的规格和幅面限制，将已经完成排版的各个页面或小面稿件，拼成上机印刷的最大版面，其目的是降低印刷成本，提高生产效率。

5）制版

制版应根据印刷机的种类，选择相应的制版方法，符合印刷特性和图文要素的印版的过程。

6）打样、印样

打样有专用的打样机，一般情况是在制版完成后，直接由打样机进行打样，样稿出来后，再由客户审样，签名认可后印刷。印样就是正式上印刷机生产，在调整好套印、水墨后，印出来的前几张，并达到打样稿的要求，送至客户再次签名认可印刷样板，得到认可签名后，方可进行批量生产。

7）印刷

印刷过程就是将油墨经过印版上的图文信息转移到承印物上的过程。由于印刷方法的不同（也就是印刷机种类的不同），它们的特点和原理也不同，所以印刷过程也就不同，有直接印刷过程和间接印刷过程。印刷分凸版印刷、平版印刷、凹版印刷、丝网印刷、柔版印刷等。

8）印后加工

印品完成后，需要进行成品加工。例如，单页需要切成成品，折页需要上折页机，书刊需要配页装订，包装需要模切成型粘盒；还有印刷品要求对表面进行覆膜、上光、UV、烫印、覆裱等，以达到印品的美观、防潮、防磨损等目的，从而实现产品的附加值。粘盒机如图1-16所示。印后加工车间如图1-17所示。

图1-16　粘盒机

图1-17　印后加工车间

1）按终极产品分类

①办公类：指信纸、信封、办公表格等与办公有关的印刷品。

②宣传类：指海报、宣传单页、产品手册等一系列与企业或产品宣传有关的印刷品。

③生产类：指包装盒、不干胶标签等大批量的与生产产品直接有关的印刷品。

2）按印刷机分类

①胶版印刷：指平版印刷，多用于四色纸张印刷。平版印刷属于间接印刷，制版简单，多数采用感光PS版，材料轻便价廉，其主要利用油、水不相溶的原理。印刷质量好，印刷效率高，广泛用于印刷各类书刊、画册、海报、商标、挂历、地图、包装等。到目前为止，平版印刷在印刷领域中仍然占统治地位。平版印刷机如图1-18所示。

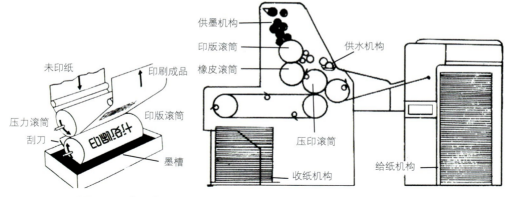

图1-18　平版印刷机

随着科学技术的发展，平版印刷机的自动化程度越来越高，许多品牌的印刷机都安装了自动输墨、自动输水、自动套印、自动装版、自动卸版、自动清洗的设备，大大提高了生产效率和印刷质量。

②凸版印刷：凸版印刷属于直接印刷，主要使用铅活字组成的活版，便于校版和改版，成本比较低，对纸张的要求也不高，粗糙的纸面也能进行印刷，损耗率相对较少，但劳动强度大，污染环境较严重，适合小幅面印刷，不适合大幅面印刷，更不适宜彩色连续调为主的产品。现阶段，报纸印刷都采用平版印刷。20世纪50年代后，凸版印刷技术就逐渐被其他印刷技术所取代。延续至今还在采用凸版印刷技术的，只有以感光树脂为原料制成的柔性版，针对包装产品，如图1-19所示。

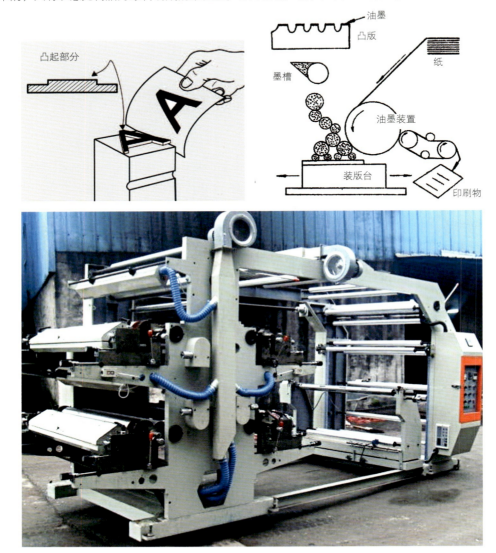

图1-19　凸版印刷机

③凹版印刷：凹版印刷使用雕刻版，与凸版印刷正好相反。凹版滚筒雕刻时间长、工序多、成本高，而且使用的是挥发性油墨，对环境污染较大，易发火灾，生产不适应批量小的印品。凹版滚筒上无接缝，能满足有特别要求的印品，如墙纸、各类纹路纸、塑料薄膜、玻璃纸、金属箔等。凹版印刷是用油墨厚薄表现色彩的浓淡效果，凹陷得深，色彩就浓，凹陷得浅，色彩就淡，印出的层次非常丰富，色调浓厚、色泽鲜明，效果接近照片。凹版印刷最适应于有价证券、精美画册、邮票、钞券、烟包装等。凹版印刷机如图1-20所示。

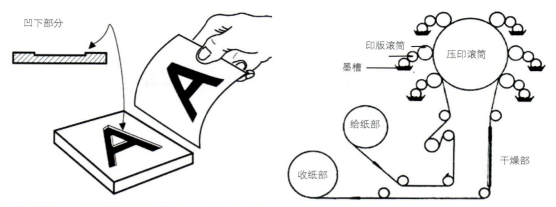

图1-20 凹版印刷机

随着电子雕刻制版机的普及和应用，使得印刷时间和成本有所下降，加上科学技术不断渗透印刷领域，凹版印刷的用途和适应范围会越来越广，发挥的作用也会越来越大。

④孔版印刷（丝网印刷）：孔版印刷属于直接印刷，制版比较简单，成本也较低。因孔版印刷以丝网印刷为主要的印刷方式，制版以丝网为支撑体，将丝网绷紧在网框上，再在网面上涂布感光胶而制成丝网版。在印刷过程中，经过压力的作用，油墨透过孔洞部分（图文部分），直接渗透承印物上形成图文墨迹，非图文部分的网面没有孔洞，油墨无法渗透承印物上形成了空白部分，这样就成为丝网印品。孔版印刷机如图1-21所示。

3）按材料分类

①纸张印刷：最常用的印刷。

②塑料印刷：多用于包装袋的印刷。

③特种材料印刷：指玻璃、金属、木材等的印刷。

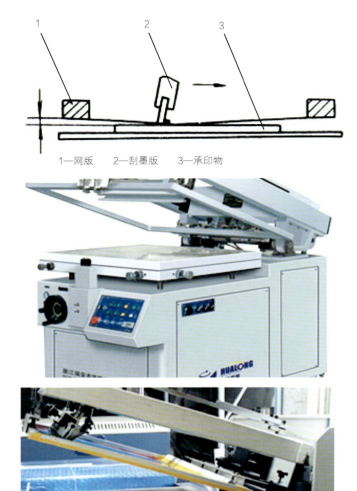

1—网版　　2—刮墨版　　3—承印物

图1-21　孔版印刷机

平面设计软件与印刷

平面设计常用软件种类有以下几种。

1）Photoshop

这是一种图像处理软件，文件格式：.TIF .PSD（图层），印刷中通常用该软件发排，是印刷厂通用软件及文件格式。

2）Illustrator

这是一种矢量图形绘制、设计排版软件，文件格式.ai或输出打包EPS。常见问题：缺链接图，缺字体。

3）CorelDRAW

这是矢量图形绘制软件，文件格式.CDR。低版本打不开高版本，软件间不兼容。

4）PageMaker

这是一种排版软件，其长处就在于能处理大段长篇的文字及字符，并且可以处理多个页面，能进行页面编页码及页面合订。用来制作专业、高品质的出版刊物。作为最早的桌面排版软件，PageMaker曾取得过不错的业绩，但在后期与QuarkXPress的竞争中一直处于劣势。

5）InDesign

这是专业排版软件，文件格式.pdf或输出打包.indd；排版杂志、书籍。

6）FreeHand

这是矢量图形软件，设计排版软件，文件格式.fh，主要用于苹果电脑。

7）QuarkXPress（欧美使用）

这是设计排版软件（主要为MAC版），文件格式.qxd。

8）方正飞腾（FIT）

此为专业排版软件，文件格式.PS；书刊排版专用。

9）PS to PDF

此软件即PS文件转成PDF文件。PDF是打印、写真、喷绘的常用格式。

1.6

软件间文件交接
打开时常见问题

1）缺链接图片

常见为AI文件，转成EPS图片格式可避免缺失链接图，但文件庞大且不便于修改。

2）缺失文字字体

由于文件中的文字打开需要操作系统字体支持，如果文字未转曲线，文件打开时，文字可能会改变字体或文字缺失。文字转换成曲线后，无法修改，建议备份设计原稿。

3）需掌握软件基本操作方法

文件打开；看懂出错信息；链接图重新置入；查看版面尺寸；懂得查看分层图片版面；文件格式转换及转换参数设置；文件刻盘及复查。

4）图有白色等底色

Coreldraw软件中置入图片时有时会有白色等底色，妨碍图片应用。解决方法是将图片在PS中处理好后，存为PSD格式（不能存为JPG格式，否则会有白底），在Coreldraw中置入后，解散所有群组，再删除不需要的底色图文等。

印刷品设计制作程序和
常见印刷品类别

1）印刷品设计制作程序

①接受客户委托。

②创意构思：根据产品的类型和风格选择合适的印刷材质。

③设计排版：拍摄或扫描、图片处理、插图设计、文字资料、排版。

④沟通。

⑤定稿：核算制作成本、报价。

⑥完稿：对设计排版的内容进行统一性和标准化操作，以符合印刷工艺所规定的标准；拉尺寸、出血、文字转曲、蒙板、四色及专色检查、刀版线、拼版。

⑦数码打样：用EPSON专用喷墨打印机和专用打印纸，可以打印出符合国际ISO标准的颜色，可作为印刷时的参考颜色。优点：速度快，色彩稳定性好。缺点：只能打印专用纸张，与实际印刷纸张可能差异较大；要达到与印刷颜色90%以上接近需经过色彩管理系统与印刷机的反复调试。

⑧输出打样：将文件送到专业菲林输出公司，通过专门设备输出印刷或打样需要的胶片，俗称"菲林"。传统打样就是使用与印刷相同的纸张材料，通过模拟印刷设备（打样机）生产出与印刷效果非常接近的成品。优点是与印刷使用的纸张材质一样；缺点是打样周期长（一般至少12小时），颜色稳定性差（同样内容每次打样颜色可能相差很多）。

⑨成品打样：对于某些客户要求，除了颜色打样外，还要对其进行后道工艺的加工，如覆膜、烫金、UV、模切、装订、裱糊等，最终做成与成品相同的产品。

⑩制版印刷：输出拼版大菲林后，加工出PS版，一种颜色一张PS版，上机安装后就可印刷校版。

⑪后道加工：按照产品的类型，印刷之后要进行后道加工（如覆膜、烫金、UV、模切、装订、裱糊等）成为最终成品。后道工艺种类繁多，对材质的限制也较多。

⑫质检、交货、收款。

2）常见印刷品类别

精装书；平装书（杂志、期刊）；样本（Catalog）；封套（Folder）；文件夹；

册子（Brochure）；折页（Leaflet）；海报（Poster）；POP；名信片（Postcard）；

贺卡（Festival card）；DM（Direct mail）；吊旗（Showbill）；

包装盒（Packing box）；裱糊礼盒（Gift box）；手提袋（Shoppingbag）；

吊牌（Brand card）；不干胶（Labeling stick）；信封、信纸；名片；

联单（无碳复写纸）。

1.8 行业术语

印刷行业术语在印刷工作中是一种常用语言，也叫行话。业务工作既是一项对外的宣传、承揽工作，也是一项对内任务传达与跟踪（跟单）的重要工作，负责从接受任务到完成任务的整个过程，是业务员不可懈怠的责任，因此语言的表达是否规范就显得尤为重要。下面介绍印刷行业中的一些基本术语，以便于工作与交流。

1）纸张

（1）纸张分类

薄纸：指通常定量在45 g/㎡以下的纸。

卡纸：指通常定量在200 g/㎡及以上的涂料纸。例如，白板卡、铜版卡等。

纸板：指通常定量在200 g/㎡及以上的非涂料纸。例如，灰纸板、黄纸板等。

轻涂纸：指通常涂料纸的涂料占造纸原料的15%以上，轻涂纸的涂料占造纸原料的10%～15%，且定量一般在100 g/㎡以内的纸。

（2）纸张数量单位

令，是纸张的计数单位，其单位面积基本上以印刷用纸的大度或正度规格为主。通常大度全开面积为889 mm×1 194 mm或35 in×47 in（英寸），正度全开面积为787 mm×1 092 mm或31 in×43 in。每令纸的数量为500张，称为令或纸令。其表示为：1令=500张（全开）=1 000张对开（787 mm×546 mm）。

（3）印刷数量单位

色令，是彩色印品的计数单位，以1令纸（全开500张）印1次为1色令，印2次为2色令，以此类推。在印刷行业，习惯上将对开单位面积印刷1 000次作为1色令计算，即1色令等于1 000张对开纸印1次。如果是1 000张对开印刷四色（次），则1 000张纸需印刷4次（以每色组为基本单位），印数的计算为4色令。每色令也称千印次（每千印）。

（4）印张

印张主要用于出版业书刊印刷，对开印刷幅面的正反两面为1个印张。

【例1】 一本16开书内页为160页，这本书有多少个印张？

解析：16开的幅面在对开版面内可拼排8个16开，纸张的正反两面共16个16开幅面，即每个对开版面正反两面可拼16页，如图1-22所示。因此，全书印张数为：160÷16=10（印张）。

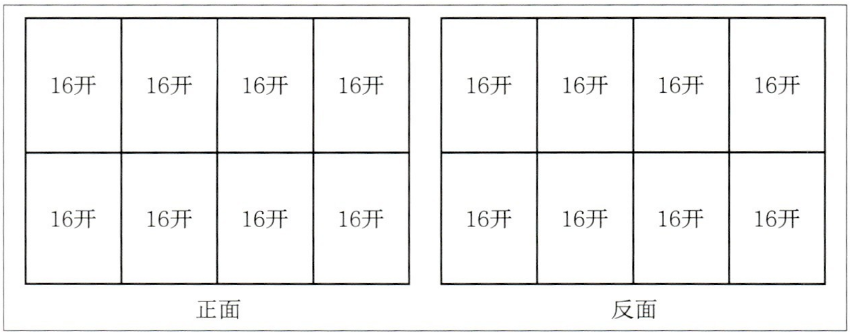

16开	16开	16开	16开		16开	16开	16开	16开
16开	16开	16开	16开		16开	16开	16开	16开
正面					反面			

图1-22

【例2】 一本32开书内页为160页,这本书有多少个印张?

解析:32开的幅面在对开版面内可拼排16个32开,纸张的正反两个面共32个32开幅面,即每对开版面正反两面可拼32页,如图1-23所示。因此,全书印张为160÷32=5(印张)。

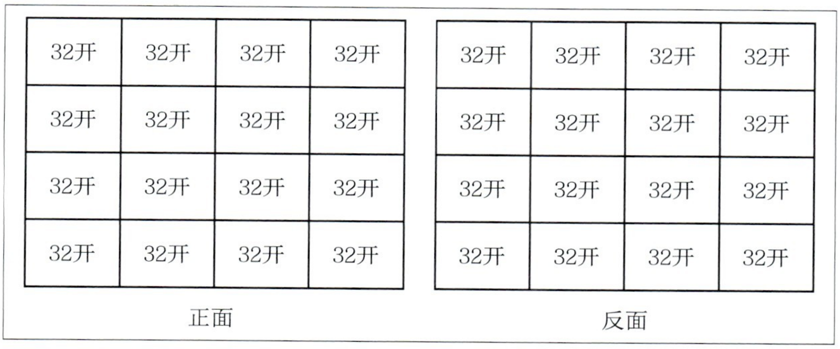

32开	32开	32开	32开	32开	32开	32开	32开
32开	32开	32开	32开	32开	32开	32开	32开
32开	32开	32开	32开	32开	32开	32开	32开
32开	32开	32开	32开	32开	32开	32开	32开
正面				反面			

图1-23

（5）P数

P数是指16开纸张1面,有多少面,就是多少P。

2）印版

（1）PS版

PS版称为预涂感光版,是Pre-Sensitized Plate的简称。PS版主要以金属铝或锌为版基,通过正阳型或正阴型图文胶片,在感光机理的作用下,可以获得阳图型PS印版或阴图型PS印版。PS版主要用于平版印刷机。

（2）再生PS版

平版印刷中对使用过的PS版进行一定的版面处理（清除感光涂层、整理砂目层）后,重新涂布感光液制成新的预涂感光板,称为再生PS版。其使用性能与全新的PS版相比略微降低,但可以满足一般印刷产品的印刷质量。

（3）压凸版

为使纸类印刷产品表面产生凹凸不平的艺术效果,通过凹型或凸型模具合压作用,使纸张变凸或变凹的模具版,叫压凸版。压凸版材主要以金属版材、感光树脂版材为主。通常模具有两个层面,空白部分为一个平面,凸起或凹下的图文部分为另一个平面。

（4）浮雕版

浮雕版的工作原理同压凸版,但不同点为模具层次丰富,其凸起部位是根据画面的明暗变化而深浅不一,在图文部与非图文部的变化过程中线条清晰,立体感好,其基材主要以金属铜为主。

（5）烫印版

烫印版也称烫金版,其凸起的部分借助温度与压力,将烫印用电化铝、薄膜在短时间内受压融化而转印到印品的表面,基材主要以金属铁为主。

（6）模切版

模切版也称啤切版或啤版。模切加工是根据设计要求对包装产品的折叠形状、不规则切口或切纸机无法替代的切位压出切痕线,用金属刀模或金属条模固定在木板上,对纸张进行模切压痕加工。模切版分为手工制普通模切版、激光制模切版两类。

3）胶片

（1）正阳片

以文字为例,文字为黑色,空白部分为透明色,感光药膜在背面。

（2）正阴片

以文字为例，文字为透明色，空白部分为黑色，感光药膜在背面。

（3）反阳片

以文字为例，文字为黑色，空白部分为透明色，感光药膜在正面。

（4）反阴片

以文字为例，文字为透明色，空白部分为黑色，感光药膜在正面。

4）印刷

（1）四色印刷

四色印刷是指采用黄（Y）、品红（M）、青（C）、黑（K）四种颜色的油墨来复制彩色原稿的印刷工艺。

（2）专色印刷

专色印刷是指利用原色（黄、品红、青）、黑色及其他辅色，根据色彩要求采用不同比例的混合配制，得到某种特定颜色的油墨并使用这种专用油墨（如金墨、银墨或其他原色难以配制的专色油墨）进行印刷。

（3）实地印刷

实地印刷也叫干版印刷。通常指无网点的满版印刷，即100%网点面积率。实地印刷与实地色块有区别，在网线版中，部分为100%网点色块叫实地色块。

（4）特种印刷

特种印刷是印刷技术中的一个分支，指采用不同于一般的制版、印刷、印后加工和承印材料进行印刷，供特殊用途的印刷方式。如纸类包装、特种装潢印刷、织物印刷、玻璃印刷、金属印刷、软管容器印刷、静电植绒、立体印刷、热转印、移印等。

（5）咬口位

咬口位指印刷机输送纸张时的咬纸位置，同时也是印版着墨的起始位置。通常在印版滚筒上有一个滚筒基准线，印版安装时，印版上的咬口位线与滚筒基准位线应对齐才能进行图文印刷，超出咬口线以外的图文部分，则不能着墨，咬口位线距纸张边缘通常在5～15 mm。

（6）借咬口

通常咬口位占据纸张版面5～15 mm宽的位置，也是无法着墨的区域。当印品规格尺寸太大需利用整张印刷幅面的承印材料时，画面是白底的图文印品，可以借用咬口这一区域面积。通常在包装纸折盒的印品上，将折盒的粘口位当作咬口，这样做就不至于浪费纸张了，称为借咬口，这是平版印刷中最大限度地利用承印材料的一种工艺方法。

（7）反咬口

反咬口是为节约版面印次而采用的一种工艺方法。当印刷的正反面可以拼贴在一套PS版内，且为印版的上下两个位置时，先按正常咬口位印刷纸张的一面（正面或反面）以后，再将咬口位换到印版的拖梢位，最后印刷纸张的另一面（正面或反面），称为反咬口印刷。这种印刷方式拼版时要遵循头对头、脚对脚原则。

（8）自翻版

自翻版与反咬口工艺方法同理，不同点是印品的正反两面，在印版中是左右两个位置。当印完纸张的一面后，不动印版而是将承印纸张左右对翻，再印刷另一面，称为自翻版印刷。这种印刷方式拼版时要遵循头并头、脚并脚原则。

反咬口和自翻版如图1-24所示。

（9）界面张力

界面张力是指沿着不相溶的两相（液—固、液—液、液—气）间界面垂直作用在单位长度液体表面上的表面收缩力。在平版印刷中，润版液与油墨在PS版表面的界面张力，润版液的小于油墨的；油墨与酒精润版液在PS版表面的界面张力，油墨的小于酒精润版液的。酒精润版液与非离子表面活性剂润版液在PS版表面的界面张力类似，但酒精润版液受挥发的影响，酒精浓度不同界面张力也不同，因此其稳定性不如非离子表面活性剂润版液的稳定性。酒精润版液与普通润版液在PS版表面的界面张力，酒精润版液的小于普通润版液的。界面张力越小，对网点增大的影响也越小，这有利于网点的还原。

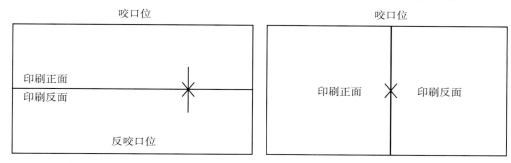

图1-24　反咬口（左图）和自翻版（右图）

（10）角线

角线用L或⊥表示，通常线长5 mm，线粗0.1 mm，呈90°，用于印版四周，裁切线以外3 mm出血位处。其中印版的咬口位线，可以与角线位齐。印刷时为校版方便，必须四个角线在印刷范围内。当印版拼有多页面内容时，可用角线确定相对位置和页面范围，使用方法如图1-25所示。

（11）规线

规线用+或⊕线表示，两线相交垂直，线长不少于5 mm，线粗0.1 mm，主要用于多色套印，是印刷套印的依据。通常规线布置在印版上下左右的中间位置，其横线一般对准角线的横线而不能对准裁切线的横线位，以免裁切成品时，规线留存在印品表面。角线、规线和裁切线的分布与应用，如图1-26所示。

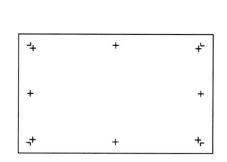

图1-25　角线

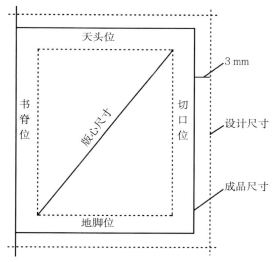

图1-26　角线、规线和裁切线的分布与应用

（12）裁切线

裁切线用+表示，也称成品线，位于印版四周角线以内，距角线位3 mm，目的是指明裁切位置，裁切成品后应被切除。

（13）设计尺寸

设计尺寸与成品（裁切）尺寸距离3 mm，主要是为了消除由于齐纸、折页产生的裁切刀位误差。当有底色印刷时，也不会因为这种误差产生露白现象，以免影响印品的美观。

（14）版心尺寸

版心尺寸是在成品规格线以内的主画面内容确定线。不同的内容版心位置线有所不同：当版面内容以文字为主时，要依据书脊位、天头位、地脚位、切口位来确定版心的上下左右位置；当版面内容以图像为主时，以主画面区域确定版心的上下左右位置。为防止因为折页对主画面区域裁切刀位差的影响，主画面区域距离成品线位3 mm以上，印刷工艺构图设计时必须十分注意。

（15）打样

打样是指通过印前图文设计、拼版、复制出校样的印刷样品，是印刷开始前检验印前工序色彩、规格、内容等质量要素的重要依据。打样方式目前主要分为数字打样、机械打样等。

①数字打样。印前图文通过色彩管理系统，在JDF软件支持下，可以不用输出胶片，而直接以数字方式制作大幅面彩色样稿。网点模式主要采用调频网点，但直接制作印版时，根据印刷要求，可变换为调幅网点或调幅与调频混合网点的制版方式。随着数字打样技术在色彩方面的不断改进，并有时间省、速度快等相对优势，数字打样已越来越受欢迎，有逐步取代传统机械打样的趋势。

②机械打样。机械打样类似于平版印刷机的印刷原理，但印速较慢，在多色打样时，油墨以湿压干的形式叠印，而多色平版胶印机上油墨是湿压湿的叠印形式。机械打样机的印刷形式主要以圆压平式为主，印刷压力较小，网点增大率相对也较小，机械打样是目前印刷中采用得比较多的一种打样方式，在专色打样方面，机械打样机最接近于印刷机的显色效果。

（16）过版纸

当新版上机印刷时，由于调机和调色的需要，会有相应承印材料的损耗。为了节约纸张，在调机与调色初期，将一些原来所印产品的废品做一个过渡，这种废品纸张称为过版纸。过版纸的克重规格、纸张类别应与所印产品的承印材料一致。

5）网点

网点是印版上的最小印刷单元，点状物体的密度通过点的面积在单位面积上所占的百分比来表示。网点形状如图1-27所示。

图1-27 网点形状

6）色彩

（1）三原色

三原色分为色光三原色和色料三原色。

色光三原色是根据光的物理学，由红光、绿光、蓝光三种单色光以不同比例混合，得到任何一种色光，而这三种单色光都不能由任何其他的色光混合而成，因此将红光、绿光、蓝光称为色光的三原色。其代表波长由国际照明委员会规定，标准色光三原色为：红光（R）700 nm，绿光（G）546.1 nm，蓝光（B）435.8 nm。色光三原色的显色系统在印刷技术中，主要用于印前设计的屏幕显色系统。色料三原色的色料本身由于是非发光物质，其颜色主要取决于对外来照射光的吸收与反射（或透射）。色料三原色为黄色（Y）、品红（M）、青色（C），而这三种色料，都不能由其他的颜料混合而成，但通过色料三原色的不同配比得到丰富多彩的显色效果。在印刷技术中，主要用于印刷油墨的叠色系统。

（2）印刷通用色标（色谱）

印刷色标是一套用色料原色（黄、品红、青）和黑色四种颜色按不同的网点百分比叠印成各种色彩的色块的总和。其中包含从0%～100%的网点比例，基本以10%速增（减）进行单色、双叠色、三叠色、四叠色的色块展现。

（3）潘通色卡

潘通色卡标准是目前国际上非常流行的一套颜色的标准。由于目前印前的色彩管理软件均支持潘通色卡标准，所以四色印刷在版面设计色块颜色时，只要选择一个潘通色卡的代码，计算机就会自动设置颜色的各自网点百分比，特别是对不同纸质的显色效率，给予了最为直观的色彩视觉。

7）其他

菲林片：通过照排机转移印刷品电子文件的透明胶片，用于印刷晒版。

纸张克数：衡量纸张厚度的重要指标。

出片：用电子文件输出菲林片的过程。

胶版印刷：平版印刷，所用印刷版材是平滑的。

胶版纸：印刷纸质的一种，纸张表面没有涂布层，多用于信纸、信封等。

光铜：印刷纸质的一种，表面有涂布层，并且有光泽，多用于彩色宣传品印刷。

无光铜：印刷纸质的一种，又称哑粉纸，表面涂布层经过哑光处理，多用于彩色宣传品印刷。

MO：印刷前期用来存储电子文件的大容量可擦写介质。

色样：所要印刷颜色的标准。

撞网：在四色印刷中，彩色印刷品是由几种油墨、几种网屏角度叠印而成的，除非这几种油墨都采用同样的网屏角度，否则一定会产生网纹。在某些网屏角度叠印的情况下，这种网纹在细网线加网的条件下还可为视觉接受。但以另一些网屏角度叠印的情况下，就会和其他颜色产生冲突，将会产生非常难看的大块网纹，这种现象就是印刷撞网，也就是通常所说的网花。

叼口：印刷机上纸时的叼纸处。

出血：为裁切印刷品而保留的位置。

实地：指满版印刷。

光边：指涂布层印刷成品的裁齐。

专色：指四色（黄、品红、青、黑）之外的特别色。

原稿数字化

原稿数字化

教学目的和要求

（1）能根据需要设置扫描仪参数，能熟练运用扫描仪将纸质文件转化为电子档。

（2）能运用文字识别软件将纸质文字转换成可编辑的电子文档。

教学重点

各种介质的扫描方法。

教学难点

OCR识别软件。

教学方法和手段

做、讲解、演示。

2.1 扫描仪的构成

印前生产中，涉及的图像原稿大多是模拟原稿（手绘、印品图片等），这类图像都包含连续的亮度变化信息，由于印前计算机只能处理数字信息，所以为了让这类图像能够在数字计算机中作数字处理，就必须对原稿进行数字化处理。拍摄、扫描、识别等是一种常用计算机系统的信息采集与输入方法。它采用光电转换原理将连续调图像转换为供计算机处理的数字图像，实现图像信息的数字输入，是印前领域实现数字化生产作业的基础。

扫描仪对图像的处理是根据"图像即为像素点的集合"这一观点来进行的。即先把图片分解成像素，再读取像素，最后将像素重新进行组合，重组出图像。

扫描仪的种类繁多，根据扫描仪扫描介质和用途的不同，目前市面上的扫描仪大体上分为：平板式扫描仪、名片扫描仪、胶片扫描仪、滚筒式扫描仪、文件扫描仪。除此之外，还有手持式扫描仪、鼓式扫描仪、笔式扫描仪、实物扫描仪和3D扫描仪。

1）平板式扫描仪

平板式扫描仪又称为平台式扫描仪、台式扫描仪，这种扫描仪诞生于1984年，是目前办公用扫描仪的主流产品。从指标上看，这类扫描仪光学分辨率在300～8 000 dpi，色彩位数从24位到48位。部分产品可安装透明胶片扫描适配器，用于扫描透明胶片，少数产品可安装自动进纸实现高速扫描。扫描幅面一般为A4或是A3。从原理上看，这类扫描仪分为CCD技术和CIS技术两种。从性能上讲，CCD技术是优于CIS技术的，但由于CIS技术具有价格低廉、体积小巧等优点，因此也在一定程度上获得了广泛的应用。

2）名片扫描仪

名片扫描仪，顾名思义，能够扫描名片的扫描仪，其小巧的体积和强大的识别管理功能，成为许多办公人士最得力的商务小助手。名片扫描仪是由一台高速扫描仪加上一个质量稍高一点的OCR（光学字符识别系统），再配上一个名片管理软件组成。目前市场上主流的名片扫描仪的功能大致上以高速输入、准确的识别率、快速查找、数据共享、原版再现、在线发送、能够导入PDA等为基本标准。尤其是通过计算机，可以与掌上电脑或手机连接使用，这一功能越来越为使用者所看重。此外，名片扫描仪的操作简便性和携带便携性也是选购者比较喜欢的两个方面。

3）胶片扫描仪

胶片扫描仪又称为底片扫描仪或接触式扫描仪，其扫描效果是平板扫描仪和透扫不能比拟的，主要任务就是扫描各种透明胶片，扫描幅机从135底片到4×6英寸甚至更大，光学分辨率最低也在1 000 dpi以上，一般可以达到2 700 dpi水平，更高精度的产品则属于专业级产品。

4）滚筒式扫描仪

滚筒式扫描仪又称为馈纸式扫描仪或小滚筒式扫描仪。滚筒式扫描仪诞生于20世纪90年代初，由于平板式扫描仪价格昂贵，手持式扫描仪扫描宽度小，为满足A4幅面文件扫描的需要，推出了这种产品，这种产品绝大多数采用CIS技术，光学分辨率为300 dpi，有彩色和灰度两种，彩色型号一般为24位彩色，也有极少数滚筒式扫描仪采用CCD技术，扫描效果明显优于CIS技术的产品。但由于结构限制，体积一般明显大于CIS技术的产品。随着平板扫描仪价格的下降，这类产品也于1996—1997年前后退出了历史的舞台。不过在2001年左右又出现了一种新型产品，这类产品与老产品的最大区别是体积很小，并采用内置电池供电，甚至有的不需要外接电源，直接依靠计算机内部电源供电，主要目的是与笔记本电脑配套，又称为笔记本式扫描仪。

5）文件扫描仪

文件扫描仪具有高速度、高质量、多功能等优点，可广泛用于各类型工作站及计算机平台。并能与两百多种图像处理软件兼容。对于文件扫描仪来说，一般会配有自动进纸器（ADF），可以处理多页文件扫描。由于自动进纸器价格昂贵，所以文件扫描仪目前只被许多专业用户所使用。

6）手持式扫描仪

手持式扫描仪诞生于1987年，是当年使用较广泛的扫描仪品种，最大扫描宽度为105 mm，用手推动，完成扫描工作，也有个别产品采用电动方式在纸面上移动，称为自动式扫描仪。手持式扫描仪绝大多数采用CIS技术，光学分辨率为200 dpi，有黑白、灰度、彩色多种类型，其中彩色类的一般为18位彩色，也有个别高档产品采用CCD感光器件，可以实现24位真彩色，扫描效果较好。这类扫描仪广泛使用的时候，平板式扫描仪价格还非常昂贵，而手持式扫描仪由于价格低廉，获得了广泛的应用，后来，随着扫描仪价格的整体下降，手持式扫描仪扫描幅面太窄，扫描效果差的缺点暴露出来，1995—1996年，各扫描仪厂家相继停产了这一产品，从而使手持式扫描仪退出了历史舞台。

7）鼓式扫描仪

鼓式扫描仪是专业印刷排版领域应用最为广泛的产品，它使用的感光器件是光电倍增管，是一种电子管，性能远远高于CCD类扫描仪，这些扫描仪一般光学分辨率在1 000～8 000 dpi，色彩位数24～48位，尽管指标与平板式扫描仪相近，但实际上效果是不同的，当然价格也高得惊人，低档的售价在10万元以上，高档的可达数百万元。由于该类扫描仪一次只能扫描一个点，所以速度较慢，扫描一幅图花费几十分钟甚至几个小时是很正常的。

8）笔式扫描仪

笔式扫描仪又称为扫描笔。该扫描仪外形与一支笔相似，扫描宽度大约与四号汉字相同，使用时，贴在纸上一行一行地扫描，其主要用于文字识别。

9）实物扫描仪

实物扫描仪其结构原理类似于数码相机，但它是固定式结构，拥有支架和扫描平台，分辨率远远高于市场上常见的数码相机，一般只能拍摄静态物体。

10）3D扫描仪

3D扫描仪是能够精确描述物体三维结构的一系列坐标数据，输入3D MAX中即可完整地还原出物体的3D模型，由于只记录物体的外形，因此无彩色和黑白之分。从结构来讲，这类扫描仪分为机械和激光两种，机械式是依靠一个机械臂触摸物体的表面，以获得物体的三维数据，而激光式代替机械臂完成这一工作。三维数据比常见图像的二维数据庞大得多，因此扫描速度较慢，视物体大小和精度高低，扫描时间从几十分钟到几个小时不等，主要用于逆向工程设计。

各种扫描仪按序号从左至右，如图2-1所示。

扫描仪由主机、电源线、电源适配器、USB线、驱动软件光盘（分为Windows系统和苹果系统）、透明胶片适配器（也称为透扫器，由两个部分组成，一是遮光板，二是负片夹）等组成。

图2-1　各种扫描仪

扫描仪的使用方法

一般扫描仪有两种扫描方式：第一种，通过计算机内扫描仪控制软件指挥扫描；第二种，用扫描仪面板上的按键指挥扫描。

1）原稿图片类型

印刷品的素材主要以图片为主，也包括印刷品的文字信息。通过数字化仪、彩色扫描仪、分色机、摄像机及电子数字式照相机等各种设备来将所需要的各种信息输入电脑中成为可处理的数字信息。

客户提供的原稿图片类型复杂多样，大体可分为以下四大类。

透射片：正片（反转片也称为幻灯片）、负片（照片底片）。

反射片：反射片包括照片、国画、油画、水彩画、水粉画、彩色印刷品、打印后的文字稿、名片、黑白图案及书法字类。

数码图片：数码相机磁盘（非印刷文件）、网上图片。

实物类：产品、零件等实际物品。

从上面可以看出，工作中遇到的原稿类型很多，其输入途径和方法也不完全相同，需要根据资料来进行分类操作用，选用合适的方法来完成一件印刷品。彩色胶片可以分为正片（反转片）和负片两种类型。彩色反转片也称正片（即幻灯片）。彩色反转片可以用幻灯机直接投射到屏幕上或在观片灯箱上观看，还可以直接冲洗照片。通常利用正片作为原片进行印刷的效果较好。正片规格一般有8×10、4×5、120和135等规格。彩色负片主要是供印放彩色照片用的感光片。在拍摄并经过冲洗之后，可获得明暗与被摄体相反，色彩与被摄体互为补色，带有橙色色罩的彩色底片。平时我们扫描的照片一般都是通过负片冲洗出来。有不少是使用傻瓜相机拍摄出来的，这就给实际工作带来不少麻烦，包括颜色偏差、图片质量和层次不好等，如果希望拍摄的图片最终能在印刷品上完美地表现，最好还是请专业摄影师用专业的照相设备来拍摄。负片规格一般分为120和135等。彩色负片的英文品牌的字尾是Color，而反转片的字尾是Chrome，在英文标示的胶片盒上可以根据以上两个字尾来区别负片和反转片。

2）扫描仪原理

自然界的每一种物体都会吸收特定的光波，而没被吸收的光波就会反射出去。扫描仪就是利用上述原理来完成对稿件的读取的。扫描仪工作时发出的强光照射在稿件上，没有被吸收的光线将被反射到光学感应器上。光感应器接收到这些信号后，将这些信号传送到数模（D/A）转换器，数模转换器再将其转换成计算机能读取的信号，然后通过驱动程序转换成显示器上能看到的正确图像。待扫描的稿件通常可分为：反射稿和透射稿。前者泛指一般的不透明文件，如报纸、杂志等，后者包括幻灯片（正片）或底片（负片）。

3）扫描仪扫描文档方法

①把要扫描的文件正面朝下放到玻璃板上，将文件对准玻璃板右下角的标志，盖上盖板。

②打开计算机扫描仪的控制软件。

③单击"扫描图像"选项，出现"扫描"界面，设置参数（扫描选项中，需要注意的几个参数设

置：一是分辨率设置为300 dpi或以上；二是扫描对象即介质选择，是精美杂志就选精美杂志，是照片就选照片等；三是扫描精美杂志图片时要选择去网纹设置，因为印刷品是通过网格点印刷而成的；四是色彩模式建议设置为CMYK，色彩调整或裁切等其他修改可以在Photoshop中去完成）。同时，界面里可以预览到要扫描的图像。

④设置"扫描设置"选项，可以用鼠标调整扫描区域，通过左边区域，作扫描区域放大或缩小、逆时针或顺时针旋转等修改。

⑤单击窗口右下角的"扫描"，这时会出现新的扫描界面，预览到扫描的内容。预览后，单击"接受"，扫描仪开始扫描，并把数据传到计算机中，扫描完毕后，出现保存等下一步动作的提示对话框。

⑥如果不再扫描新的图像，单击"否"会出现"另存为"对话框，进行保存设置（如果是可编辑的文件，应保存为".txt"文件）。

扫描仪结构示意图如图2-2所示。

扫描仪操作界面（各厂商扫描仪操作界面不一样，但大同小异），如图2-3所示。

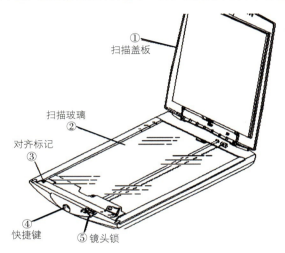

图2-2　扫描仪结构示意图

图2-3　扫描仪操作界面

文字识别软件（OCR）

OCR文字识别软件集名片识别、文档识别、证件识别、车牌识别多项专有技术于一体，充分满足了政府公务员、企业经营管理人员、教师、学生、科研人员、编辑、记者、交警、文员等日常文档办公应用录入的需要，极大地提高了工作效率和质量，轻松实现视频、图片转Word，PDF转Word多方面的文字处理功能。

1）CC慧眼（支持Android）

①自动视频文字识别。

②拍照画线文字识别。

③识别后直接展示淘宝、百度等热门搜索引擎的搜索结果。

④识别后的文字信息可多渠道信息分享（发电邮、短信、微博等）。

⑤识别后可进行多种语言自动在线翻译，如图2-4所示。

图2-4　在线翻译软件

2）名片识别（支持Android，PC，IOS）

①名片识别引擎：高精度、高速度、占用内存小；支持十多个手机OS、PC及服务器版识别；支持多语种（中、英、法、德等十几种语言）识别。

②标配：中文（简体、繁体）、英文，以及数字、字符。

选配：欧文（法文、德文、西班牙文、葡萄牙文、瑞典文、意大利文、芬兰文、丹麦文、荷兰文）、俄文、日文，以及数字、字符需付费定制。

3）文档识别（支持Android，PC，IOS）

高精度、高速度、识别引擎小；支持大部分主流手机OS、PC及服务器版本；可识别十几种语言的印刷体文字，如图2-5所示。

4）证件识别（支持Android，PC，IOS）

支持多平台：安卓，IOS，PC及服务器版本；快速高效，采集识读一张证件只要3~5秒；识别精度高，其中二代证识别率可达98%以上；采集证件种类齐全，兼容一代身份证、驾照、港澳通行证、回乡证、军官证等多种证件的采集识读；识别引擎小，可提供成熟的证件识别OCR SDK，方便集成商快速集成挂接。身份证识别系统，如图2-6所示。

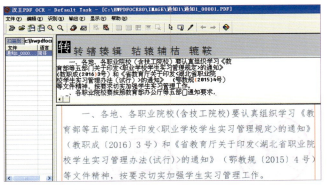

图2-5 文档识别软件

身份证信息及影像上传至影像文件服务器

身份证信息（如姓名、身份证号码、地址等）自动进入Boss界面

图2-6 身份证识别系统

5）车牌识别（支持Android）

软件界面简洁雅致，延续了云脉名片识别的皮革质风格，适合各类办公、管理人员使用；功能按钮清晰易懂，主要功能键均分布于主界面，杜绝任何分页因烦琐操作导致的易出错问题；识别效率立竿见影，凭借在光学识别技术上的领先优势，即拍即识，识别率高。车牌识别系统软件，如图2-7所示。

图2-7 车牌识别系统软件

设计中的文档识别操作方法

设计中主要用到文档识别，即将PDF "文字图片" 转换成可编辑的Word文档。常用的文档识别软件有紫光、方正、汉王、尚书等，如图2-8所示。

图2-8 文档识别软件

操作方法：

①打开图像，单击左上角 "打开图像" 按钮，选择需要提取文字的图像打开，支持tif、jpg、bmp三种格式，如图2-9所示。

②如果图像插入后，图像显示不清楚，可以单击软件上边按钮 "显示" — "缩放图像" — "放大镜显示" ，如图2-10所示。

③用鼠标圈定需要提取的文字，单击 "开始识别" 按钮即可，如图2-11所示。

④文字成功提取后，进行校对，如图2-12所示。

⑤核对无误后，单击上边 "输出" 按钮，选择输出格式，保存即可。保存后即可对文本进行编辑，如图2-13所示。

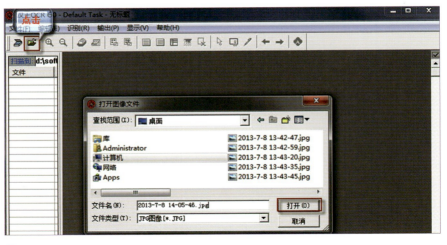

图2-9

图2-10

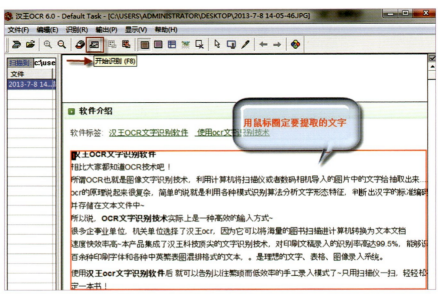

图2-11

图2-12

图2-13

计算机图文处理

教学目的和要求
（1）熟悉印前设计图文处理要求。
（2）能熟练运用CorelDRAW软件进行位图转换、字体转曲、轮廓转对象、色彩模式选择以及印刷色彩模式要求。

教学重点
字体转曲、编辑和轮廓转对象。

教学难点
无。

教学方法和手段
做、讲解、演示。

3.1

图片位图转换

计算机图文处理主要指通过数字图文化后所得到的图片和文字需要按照印刷的要求进行处理，以期达到最佳效果。常见图文处理包括图片转曲、文字转曲、色彩模式转换等。

1）数字图像分类

①模拟图像。模拟图像是通过某种物理量的强弱变化来表现图像上各点颜色信息。印品图像、相片、画稿、电视屏等图像都是模拟图像。

②数字图像。数字图像是指把图像分解成被称为像素的若干小离散点状，并将各像素的颜色值用量化的离散值即整数值来表现的图像。数字图像必须依靠计算机读取，离开了计算机就无法进行数字图像的读取、提取工作。

2）图像处理

非电子原稿经过扫描以后得到的数字图像或是数字原稿，通常是不能直接进行印刷的，需要进行针对印刷的处理后才能制作出印版。印前处理包括画面的修脏、颜色的调整、层次的调节、分色、加网等操作，使原稿制作成符合印刷要求的制版文件。

3）图片位图转换

①印刷文件制作时，普通图片导入CorelDRAW后，需要转换成点阵图（位图）。

②由于Photoshop软件默认RGB色彩模式，很多图片导入CorelDRAW后需将色彩模式转换成CMYK。

③图片转换成位图时，分辨率设置为300 dpi。

④图片可以利用节点编辑工具进行图片大小、形状处理，如图3-1所示。

图3-1　图片处理

3.2 字体转换

①由于各台计算机所安装的字体字库不一样，为避免印刷前转换成印刷文件时字体丢失或被替换，所以必须将字体转换成曲线。注意备份文件，便于下次修改。

②印刷公司常见字库：汉仪、文鼎、方正。

③注意字体、字号。

目前我国有两种表示文字大小的方法：号制和点制。以号制为主，点制为辅。国际上则通用点制。号制和点制的换算关系如表3-1所示，不同字体如图3-2所示。

表3-1 号制和点制的换算关系

号　数	点　数	尺寸/mm	号　数	点　数	尺寸/mm
一	72	25.305	三号	16	5.623
特大号	63	22.142	四号	14	4.920
特号	54	18.979	小四号	12	4.218
初号	42	14.761	五号	10.5	3.690
小初号	36	12.653	小五号	9	3.163
大一号	31.5	11.071	六号	8	2.812
一号	28	9.841	小六号	6.785	2.416
二号	21	7.381	七号	5.25	1.845
小二号	18	6.326	八号	4.5	1.581

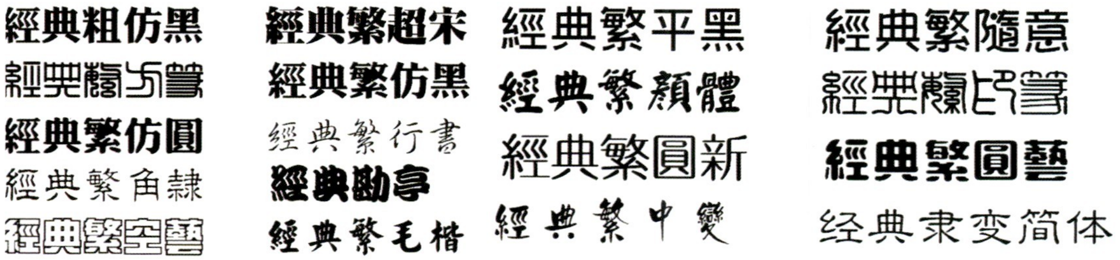

图3-2　不同字体

计算机字形主要包括信息压缩、存储、还原、缩放等全套处理技术系统。

1）点阵字形

点阵字形是采用矩阵的方法，逐点描述字形信息，即以横向扫描线上点阵的黑或白来记录字形，每

39

一点以一位表示。点阵字体在显示和硬拷贝输出时所用字号与字库一致，质量非常好，点阵字的组织和管理方式简单。因此，目前点阵字广泛应用于显示和低分辨率打印输出等场合。

2）矢量字形

矢量字形是采用数学的向量线段来描述字形的笔画，即用描述字的外部轮廓的方法来产生字形，这种方法也称向量轮廓描述法，矢量字库是一种高倍率信息压缩字库。矢量字形的优点是可以成百倍地减少字形的数据量，而且字形比较美观，可以对字形做各种各样的变形和修饰，输出的字形质量和精度都非常好。矢量字形的缺点是在大字输出时，直线段与直线段的连接不好。

3）曲线字形

曲线字形是采用数学上的二次、三次曲线来描述字形的外部轮廓，又称曲线轮廓描述法。用这种方法制作的字库称曲线字库，也是一种高倍率信息压缩字库。曲线字形最大的特点是字形美观，大字字形也可以做到很完美，克服了矢量字形的缺陷，使字形的质量达到更高的水平。曲线字形的缺点是输出低分辨率字形或小字时，容易出现误差和失真，目前多用控制信息技术的方法来解决。

4）字库与字体

计算机中文字和符号是由字库产生的，计算机字库是重要的软件之一，用于屏幕的显示及打印、照排输出。

桌面出版系统使用的字库标准主要有PostScript字库和TrueType字库，它们都是采用曲线方式描述字体轮廓，因此都可以输出高质量的字形。TrueType字体一般由操作系统直接管理，一旦系统启动它就发生作用，由系统统一协调和处理，应用软件安装后所附加的字体在系统启动后被同时加载，随时供用户使用。

文件格式和色彩模式

①CorelDRAW软件文件格式为cdr。

②印刷文件色彩模式为CMYK。

③印刷文件色彩使用，建议参照色谱书，选用色彩，按色谱书对应的CMYK数字进行输入，所得到的印刷品的色彩偏差较小。色谱如图3-3所示。

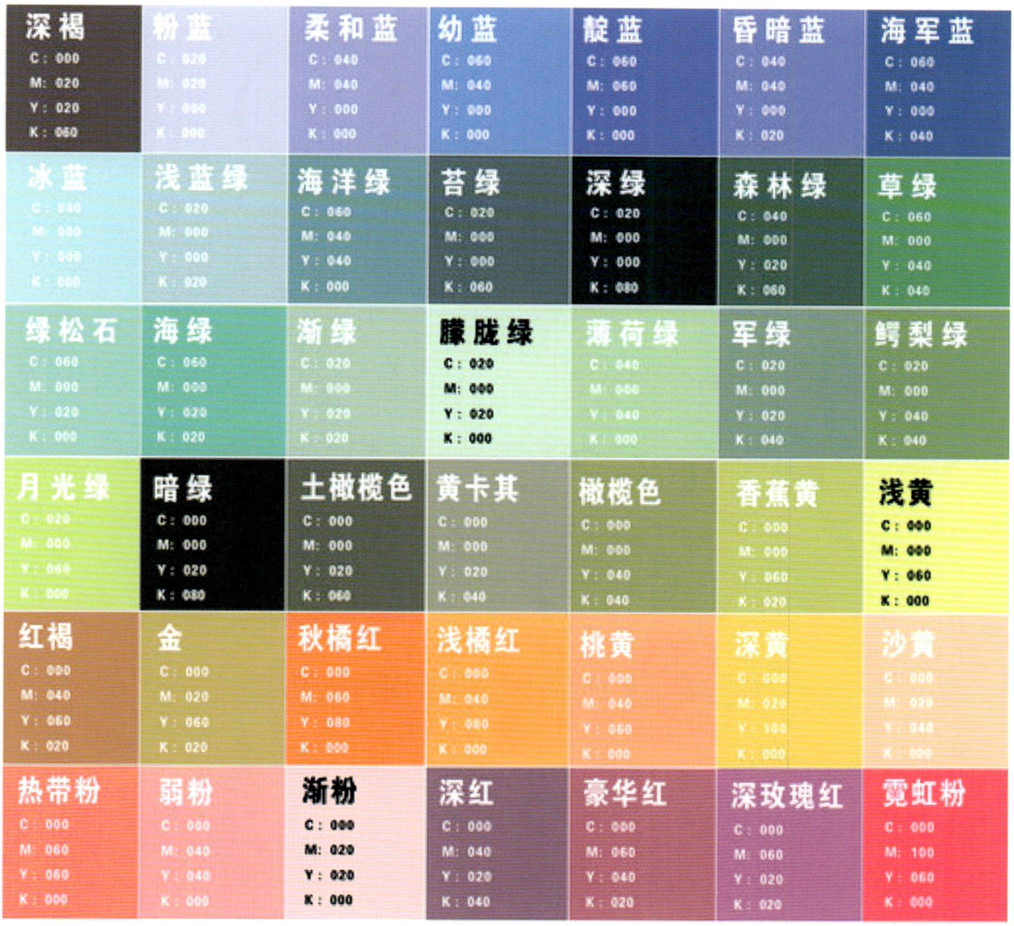

深褐 C:000 M:020 Y:020 K:060	粉蓝 C:020 M:040 Y:000 K:000	柔和蓝 C:040 M:040 Y:000 K:000	幼蓝 C:060 M:040 Y:000 K:000	靛蓝 C:060 M:060 Y:000 K:000	昏暗蓝 C:040 M:040 Y:000 K:020	海军蓝 C:060 M:040 Y:000 K:040
冰蓝 C:040 M:000 Y:000 K:000	浅蓝绿 C:020 M:000 Y:020 K:000	海洋绿 C:060 M:000 Y:040 K:000	苔绿 C:020 M:000 Y:060 K:000	深绿 C:020 M:000 Y:000 K:080	森林绿 C:040 M:000 Y:020 K:060	草绿 C:060 M:000 Y:040 K:040
绿松石 C:060 M:000 Y:020 K:000	海绿 C:060 M:000 Y:020 K:020	渐绿 C:040 M:000 Y:020 K:020	朦胧绿 C:020 M:000 Y:020 K:000	薄荷绿 C:040 M:000 Y:020 K:000	军绿 C:020 M:000 Y:040 K:040	鳄梨绿 C:020 M:000 Y:040 K:000
月光绿 C:020 M:000 Y:060 K:000	暗绿 C:000 M:000 Y:020 K:080	土橄榄色 C:000 M:000 Y:020 K:060	黄卡其 C:000 M:000 Y:020 K:040	橄榄色 C:000 M:000 Y:040 K:040	香蕉黄 C:000 M:000 Y:060 K:020	浅黄 C:000 M:000 Y:060 K:000
红褐 C:000 M:040 Y:060 K:020	金 C:000 M:060 Y:060 K:020	秋橘红 C:000 M:060 Y:080 K:000	浅橘红 C:000 M:040 Y:060 K:000	桃黄 C:000 M:000 Y:040 K:000	深黄 C:000 M:000 Y:100 K:000	沙黄 C:000 M:020 Y:040 K:000
热带粉 C:000 M:060 Y:060 K:000	弱粉 C:000 M:040 Y:040 K:000	渐粉 C:000 M:020 Y:020 K:000	深红 C:000 M:040 Y:020 K:040	豪华红 C:000 M:060 Y:040 K:020	深玫瑰红 C:000 M:060 Y:020 K:020	霓虹粉 C:000 M:100 Y:060 K:000

图3-3　色谱

3.4

轮廓线转换

　　所有对象轮廓线必须要转换成对象，所有文字必须要转换成曲线，否则对象在放大缩小时，轮廓线不会随之放大缩小，会影响图形比例，如图3-4所示。

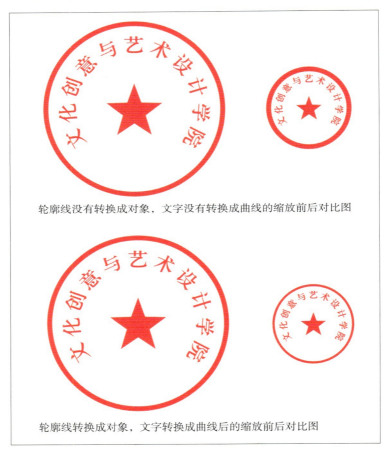

轮廓线没有转换成对象，文字没有转换成曲线的缩放前后对比图

轮廓线转换成对象，文字转换成曲线后的缩放前后对比图

图3-4　轮廓线转换

计算机图文绘制练习

①有机形标志绘制，配合辅助线、网格、贴齐导线等工具或命令进行，如图3-5所示。

②英文字母标志绘制，如图3-6所示。

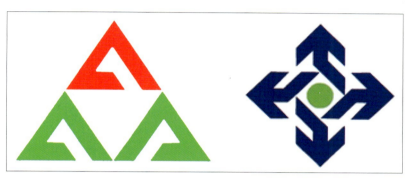 

图3-5　有机形标志绘制　　　　　　　　　　　　　　　　图3-6　英文字母标志绘制

③无机形标志绘制，配合图形前后关系等工具或命令进行，如图3-7所示。

④文字变形设计绘制，如图3-8所示。

图3-7　无机形标志绘制　　　　图3-8　文字变形设计绘制

⑤版面编排绘制，如图3-9所示。

⑥绘制卡通动物图形，如图3-10所示。

⑦绘制卡通人图形，如图3-11所示。

⑧包装装潢设计绘制，如图3-12所示。

⑨产品效果图绘制，如图3-13所示。

图3-9　版面编排绘制

图3-10　绘制卡通动物图形

图3-11　绘制卡通人图形

图3-12　包装装潢设计绘制

图3-13　产品效果图绘制

印刷报价

教学目的和要求
（1）熟悉印刷材料、规格、对应价格。
（2）熟悉印刷流程环节、印刷价格组成及影响价格的关键。
（3）根据客户要求较为准确地对印刷品任务单或项目进行报价预算。

教学重点
印刷品价格组成与预算。

教学难点
无。

教学方法和手段
任务驱动。

4.1

印刷品分类和报价组成

1）分类

（1）按终极产品分类

办公类：指信纸、信封、办公表格等与办公有关的印刷品。

宣传类：指海报、宣传单页、产品手册等一系列与企业宣传或产品宣传有关的印刷品。

生产类：指包装盒、不干胶标签等大批量的与生产产品直接有关的印刷品。

（2）按印刷机分类

胶版印刷：指用平版印刷，多用于四色纸张印刷。

凹版印刷：指用凹版（一般指钢版）印刷，多用于塑料印刷。

柔性版印刷：指用柔性材料版（一般指树脂版等），多用于不干胶印刷。

丝网印刷：可以在各种材料上印刷，多用于礼品印刷等。

（3）按材料分类

纸张印刷：最常用的印刷。

塑料印刷：多用于包装袋的印刷。

特种材料印刷：指玻璃、金属、木材等的印刷。

（4）按印刷品的尺寸分类

按印刷品的尺寸，可分为32开、16开、8开、4开、对开、全开等。

（5）按印刷品的颜色分类

按印刷品的颜色，可分为单色、四色等。

2）报价组成

印刷品费用一般包括印前费用、印刷费用、包装运输、税收、服务费及制作成本一定比例的利润。

①印前费用：设计排版费、图片拍摄费、图片扫描费（滚筒扫描）、数码打样费等。

②印刷费用：菲林打样费、纸张费、印工等。

③后道加工：后道加工材料费、打包捆扎费、包装箱、运输费等。

印刷纸张分类

纸张是印刷领域中不可缺少的重要材料。纸张在日常工作和生活中，主要用于书写、复印、印刷、包装物、绘画、书籍等。

1）纸张规格

纸张常用规格包括尺寸、开本、质量。

①纸张常用尺寸。印刷纸张分为板纸和卷筒纸。板纸的常用尺寸是787 mm×1 092 mm、889 mm×1 194 mm、880 mm×1 230 mm、1 000 mm×1 400 mm等，这些纸张规格称为全开纸或全张纸。卷筒纸的长度为6 000 m/卷，宽度为787 mm、880 mm、1 092 mm等。

②纸张开本。开本也称为开数，开数是针对书刊、印品在标准纸张（全张纸）上所占据的幅面大小，也就是说一个产品在全张纸中能排列出多少个产品的名词。

书籍规格通常有4开、8开、16开、32开、64开等；包装类开数就非常广泛，没有固定规格，完全根据产品的大小随意排列，从全开到几十开都存在。大度纸张尺寸：889 mm×1 194 mm；正度纸张尺寸：787 mm×1 092 mm。

③纸张质量。纸张的质量以定量和令重进行表述。定量是全张纸面积的质量，单位为每平方米纸的质量，以克为计量单位，即g/㎡。

常用的纸张定量有50 g/㎡、60 g/㎡、70 g/㎡、80 g/㎡、100 g/㎡、120 g/㎡、128 g/㎡、157 g/㎡等，定量越大，纸张越厚。

令重是指每令纸的总质量，每令纸为500张，单位为kg。

由于纸张的尺寸和定量各不相同，因此，令重必须根据尺寸和定量来计算，计算公式如下：

令重（kg/令）=[每令纸的面积（㎡ / 令）×定量（g/㎡）]÷1 000

2）印刷纸张种类

纸张种类有很多，通常分为涂料纸和非涂料纸。定量200 g/㎡以下的纸称为纸张，200 g/㎡（含200 g/㎡）以上的纸称为卡纸。主要纸类的名称有以下几种：

①薄纸：定量在45 g/㎡以下的纸称为薄纸。

②卡纸：定量在200 g/㎡及以上的涂料纸称为卡纸，如白板卡、铜版卡。

③纸板：定量在200 g/㎡及以上的非涂料纸称为纸板，如灰板纸、黄板纸。

④轻涂纸：涂料纸的涂料占造纸原料的15%以上，轻涂纸的涂料占造纸原料的10%～15%，克重一般在100 g/㎡以内。

3）纸张适性

纸张适性是指纸张对印刷条件的要求，其主要条件有纸张的平滑性、吸墨性、韧性、弹性、经纬细腻度等。

印刷产品的纸张达到以上所述的条件，是保证印品质量的重要因素。纸质条件好，印品的色彩效果就好，手感就顺，产品成型就平整。所以，纸张适性是印刷质量的重要保证。

各纸张克数如下：

铜版纸：105 g、128 g、157 g、200 g、250 g、300 g、350 g。

亚粉纸：105 g、128 g、157 g、200 g、250 g、300 g、350 g。

铜版卡：250 g、300 g、350 g、400 g。

双胶纸：60 g、70 g、80 g、100 g、120 g、140 g。

白卡纸：250 g、300 g、350 g、400 g。

灰板：1 mm、1.5 mm、2 mm、2.5 mm、3 mm。

铝箔纸、白底白版纸、灰底白版纸、PET复合纸、艺术纸、无碳复写纸。

4）纸张单位

数量：令；500大张=1令=1 000张对开。

规格：g；单位平方米的质量。

印刷数量：色令；1 000次印张=1色令=1 000张对开纸印一个色。

印刷流程与预算报价

1）印刷流程

设计—印前设计—打小样（打印机打样稿）—签字—制作菲林—印刷打样—签字—印刷—印后加工—装订

2）印刷报价

各地、各企业的印刷报价有价格差异，此处仅供参考。

①印刷报价费用计算公式：设计费（含各种杂费）+菲林费+印刷打样费+开机费+印数费+纸张费+PS制版+印后加工费+装订费。

②纸张单位、数量与价格。

令：纸张数量单位，500张全开纸张为1令；印刷数量中1 000张次为1色令。

常见纸张价格：157克，550元/令；128克，450元/令；100克，400元/令；80克，350元/令。

③数码打样与印刷打样、菲林输出价格表如表4-1所示。

印刷市场竞争激烈，随行就市，具体价格可能不很准确，但计算公式大抵如此。网络里也有印务公司网络现场报价，可参考价格。数码印刷可一本起印。

表4-1 打样价格表

开 别		16K	8K	正4K	大4K	正3K	大3K	正对开	大对开	小全开	全 开
尺 寸		220 mm × 297 mm	440 mm × 297 mm	543 mm × 390 mm	594 mm × 441 mm	362 mm × 780 mm	396 mm × 882 mm	543 mm × 780 mm	594 mm × 882 mm	780 mm × 1 030 mm	780 mm × 1 092 mm
印刷打样价格		20	30	40	50	80	100	120	130	150	160
数码打样价格		4	6	10	12	20	30	40	40	60	60
菲林价格	1色	10	15	25	25	30	40	60	70	90	100
	2色	15	20	30	30	50	60	80	100	120	150
	3色	20	30	40	40	70	80	120	130	150	160
	4色	30	40	50	50	80	120	140	150	180	220

④制（晒）版费价格大概如表4-2所示。

⑤印数费计算方法。印数费，即印刷数量费用，计算分为两类。

a.当印刷张（套）数在5 000张以下时称为短版，以开机费计，开机费含制版费在内。

b.当印刷张数超过5 000张（套色）时，则以每千印次计，即色令计费。印数费如图4-3所示。

1色令= 500张全开纸印1色=1 000张对开纸印1色。印刷色令计价方式如表4-4所示。

表4-2　制（晒）版费价格表

规　格	传统阳图PS版（含拼版费）	传统阴图PS版（含拼版费）	CTP版
全开	150元/块	200元/块	250元/块
对开	100元/块	150元/块	100元/块
四开	50元/块	80元/块	50元/块

表4-3　印数费

印刷色数	四　开	对　开	小全开	大全开
单　色	100元/块	200元/块	300元/块	400元/块
双　色	200元/块	400元/块	—	—
四　色	400～600元/套	600～800元/套	800～1 500元/套	1 000～1 800元/套

表4-4　印刷色令计价方式

平板胶印				卷筒纸轮机含折页费/色令
项目		四色机/色令	对开机/色令	全开机/色令
单黑		20元	25元	40元	8元
彩色		30元	40元	80元	15元
金银墨印刷	1/4面积以下	50元	60元	120元	—
	2/4面积以下	60元	80元	160元	
	3/4面积以下	90元	120元	240元	
	3/4面积以上	120元	160元	320元	
专色印刷	1/4面积以下	50元	60元	120元	—
	2/4面积以下	60元	80元	160元	
	3/4面积以下	90元	120元	240元	
	3/4面积以上	120元	160元	320元	
空　印		8元	10元	15元	—
实地印刷		40元	80元	160元	—
金/银卡纸、玻璃卡纸		50元	80元	160元	—
200 g以上，400 g以下		40元	50元	100元	—
PVC胶片		120元	160元	—	—
不干胶印刷		35元	50元	—	—
卷筒纸轮转机除单色与彩色印刷外，其他印刷项目不能印刷				

⑥印后加工类价格。对一个印刷企业而言，不可能面面俱到、设备齐全。因此在印刷工艺流程的设置中，应根据自身的设备特性，选用有针对性的计价模式。无论是自身加工还是发外加工，遵循工艺流程（过程）的逐项累计，特别要注意的是每一个项目都要分清材料费与加工费，加工费里又要分出制作费与人工费，不要出现遗漏计价项目的现象。

印后加工工艺流程为：上光—磨光—覆膜—烫金（制烫金版）—压凸（制凸、制凹）—模切（制模切版）—折—叠—粘贴成型（手工或机械）。

纸类表面的加工主要分为不需制版而进行的整体版面加工——通常以上机规格尺寸来计价；需制版而针对局部加工——通常以平方厘米（面积）来计价两种。

a.整体版面印后加工类的计价如表4-5所示。（印后纸面加工计价，单位：元/㎡）

表4-5　印后加工类计价标准

规　格	覆光膜	覆亚膜	覆镭射膜	上光油	磨　光	上吸塑油
16开	0.10	0.17	—	0.05	0.07	0.07
大16开	0.10	0.17	—	0.05	0.07	0.07
8开	0.12	0.17	0.20	0.05	0.07	0.07
大8开	0.13	0.20	0.23	0.05	0.07	0.07
4开	0.18	0.27	0.38	0.07	0.12	0.12
大4开	0.21	0.31	0.46	0.08	0.123	0.13
对开	0.30	0.43	0.76	0.14	0.17	0.17
大对开	0.35	0.48	0.93	0.15	0.19	0.19

注：以上表格中的价格仅针对一般膜，厚度为15~18 μm的薄膜，如需要增加厚度，则另外加价10%。覆镭射膜的起点面积是8开以上。

b.烫磨压加工计价如表4-6所示。

表4-6　烫磨压加工计价

制版费/（元·cm^{-2}）最低10元		加工费（元/次、张）	材　料	备　注
烫金版	金属铝版0.1	0.02元/次（最低100元）	烫金膜0.001元/cm^2	烫金费=制版费+加工费+材料费
	金属铜版0.3			
压凸版	树脂0.2	0.02元/次（最低100元）	—	压凸（凹）费=制版费+加工费
	金属版0.2			
浮雕板	金属铝版3~4	0.02元/次（最低200元）	—	浮雕费=制版费+加工费
	金属铜版4~5			
压纹版	金属版0.2	0.08元/对开张数（最低150元）	—	压纹费=制版费+加工费

c.模切费用计算如表4-7所示。

模切费工序是由模切版、模切加工费、软盒粘贴费组成。

表4-7 模切费计算

规格	模切板		模切加工费		软盒粘贴费	
	普通版/ （元·块$^{-1}$）	激光版/ （元·块$^{-1}$）	普通卡纸/ （元·万次$^{-1}$）	不干胶/ （元·万次$^{-1}$）	手 粘/ （元·万次$^{-1}$）	机 粘/ （元·万次$^{-1}$）
4开	30～100	200～500	100～200	150～200	120	60
对开	100～200	500～5 000	200～300	200～300	120	60
全开	200～300	—	—	—	—	—

注：不足以上的基本价格时，以基本价格计算。模切版的选择及加工费的价格浮动视下列因素而确定：

- 当弧线的弯曲角度率大时，选择激光模切版。
- 当切口位要求质量较高时，选择激光模切版。
- 当版内刀位多并复杂时，价格相对加高。
- 版内小盒数量多达10个以上时，价格相对加高。

大型软盒视粘口位的数量价格递增，如粘口位有两处，则上述工价乘以2；粘口位有四处，则上述工价乘以4。

⑦书刊装订计价。

书刊装订工序为：折页—配页—打捆、预压—骑马钉装、锁线装、胶装—上封面。

书刊装订方式有很多种，具体装订计价如表4-8所示。

表4-8 书刊装订计价

封面类			内页（含折页、配页、机装）		上封面
精 装	封面与纸板裱糊 面积+纸板与环 衬的裱糊面积	0.000 5元/cm²	胶订 锁线	0.05～0.06元/帖 0.07元/帖	贴纱布0.10元/个 贴脊头布0.10元/个 贴丝带0.10元/个 封面起脊0.50元/个 上护封0.10元/个
	模切版费	50～80元/块			
	模切加工费	100元起/块			
假精装	封面与环衬的糊 裱面积	0.000 5元/cm²	胶订 锁线	0.05～0.06元/帖 0.07元/帖	贴纱布0.10元/个 贴脊头布0.10元/个 贴丝带0.10元/个 封面起脊0.50元/个 上护封0.10元/个
	模切版费	30～50元/块			
	模切加工费	100元起/块			
简 装	200 g/cm²以上纸 张另收模切版费	30～50元/块		0.05～0.06元/帖 0.07元/帖	有勒口：内页贴价×4 无勒口：内页贴价×2
	模切加工费	100元起/块		0.02～0.03元/帖	—
骑马钉	封面与内页用纸相同时，以帖数计：0.03元/帖				
	封面与内页用纸不同时，封面纸当1帖单计：0.03元/帖				

注：以上任何一个单项的工价累计不足100元时，以100元计。

⑧硬纸盒加工计价如表4-9所示。

表4-9　硬纸盒加工计价

硬纸盒的主体加工费		盒内附件加工费	其他加工费	
面　纸	模版费50~100元/块	贴斜丝带0.05元/条 加磁吸0.15元/对 放内衬0.10元/个	面纸内衬 海绵加工	模版费50~100元/块
	模切费150元/万次			模切费150元/万次
	糊裱费0.0005元/cm²			糊裱费0.0005元/cm²
灰板纸	模版费50~100元/块	—		
	模切费150元/万次			
内衬纸	模版费50~100元/块	有边框线位的硬纸盒，裱糊费0.00075元/cm² 不规则的异型盒，裱糊费0.00075~0.00125元/cm²		
	模切费150元/万次			
	糊裱费0.0005元/cm²			
硬纸盒成型拼接费0.10元/拼				
开窗式纸盒的窗口面积另加糊裱费 0.0005元/cm²				

注：以上任何一个单项的工价累计不足100元时，以100元计算。

⑨纸类礼品袋加工计价如表4-10所示。

表4-10　礼品袋加工计价

制模切版		模切加工、粘袋、穿绳	备　注
4开	80元/块	0.30元/个	起点价300元
对开	150元/块	0.38元/个	起点价380元
全开	250元/块	0.45元/个	起点价450元

【例】　全彩，大四开，157 g铜版纸，6 000张，单面印刷，计算直接成本费用。

解析：50元（菲林费）+50元（印刷打样费）+300元（开机费；如果正反面需要二次开机，开机费含1令印数费，不足1令算1令）+30元×4（印刷数量费，30元/色令；6 000张大四开为2色令；因为开机费中已含1色令印数费，所以这里只算1色令印数；如果双面印刷需要×2）+1 650元（纸张费；6 000张大四开的纸需要1 500张全开的纸，即3令；157 g铜版纸每令550元，每令500张全开）=2 170元。

印前设计

教学目的和要求
（1）掌握印刷实践，让设计与产品接轨。
（2）掌握印前设计中的出血、裁切线、拼版。
（3）掌握印前设计的文字、轮廓、色彩等设置。

教学重点
印前设计中的出血、裁切线、拼版。

教学难点
印前设计中的出血、裁切线的规范设置。

教学方法和手段
学做一体。

5.1

出血设置

印前设计所包括的文字、图形、轮廓线、图像处理等内容在第三章已有论述，本章不再赘述。

印刷中的出血是指加大产品外尺寸的图案，在裁切位加一些图案的延伸，专门给各生产工序在其工艺公差范围内使用，以避免裁切后的成品露白边或裁到内容。在制作的时候，就分为设计尺寸和成品尺寸，设计尺寸总是比成品尺寸大，大出来的边是要在印刷后裁切掉的，这个要印出来并裁切掉的部分就称为印刷出血。

印刷物要通过裁切刀裁切成标准的尺寸。但是，裁切时会有误差，不会完全与印刷物的边界对齐。出血线的作用，是标注出安全的范围，使裁纸刀不会裁切到版心内容。

通过图5-1可以看出出血线与裁切刀的关系。当裁切刀沿成品尺寸裁切时，由于裁切刀裁切时的精度问题，没有出血的图片很可能留下飞白，造成印刷的失败。

一般印刷设计时，每边设置3 mm出血。例如，需要200 mm×150 mm成品，即设置206 mm×156 mm文件。出血线与印刷物尺寸线之间并不一定都是3 mm，也可以留出来5 mm，这由纸张的厚度和具体的要求而决定。例如，普通海报、样本、DM等可以留3 mm出血。产品包装箱就要适当调整留大一些，如3层瓦楞箱，出血至少要留4～5 mm，5层瓦楞箱就要留8 mm～1 cm的出血。为什么留这么大呢？主要是考虑板材比较厚，折痕时会露出出血以外的颜色，这样产品就不美观了。

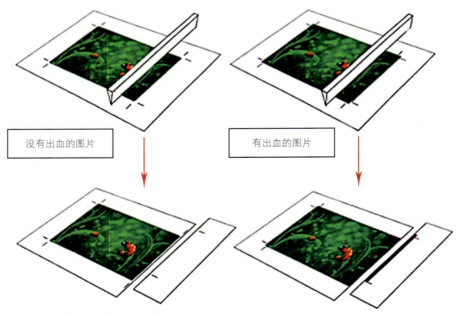

图5-1　出血线与裁切刀的关系

出血线又称为裁切线，其作用是标注出安全的范围，使裁纸刀不会裁切到不应该裁切的内容。在设计中，裁切线绘制方法有两种，一是自己绘制，二是在CorelDRAW软件中直接插入。

①第一种绘制方法如下：

a.放大文件至1：1。

b.利用圆点标注文件左上角为0，0刻度。

c.利用辅助线标出出血3 mm位置，如图5-2所示。

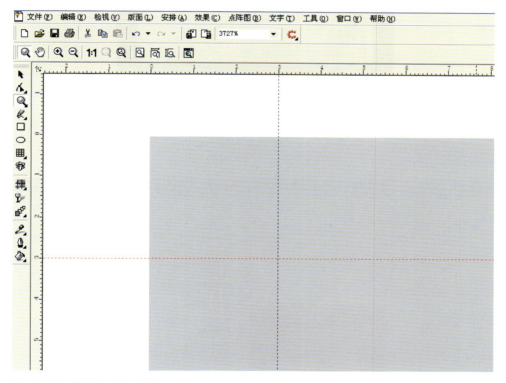

图5-2 利用辅助线标出出血位置

d.利用手绘线工具在出血处绘制裁切线5～10 mm细直线二条，垂直不相交；在出血外侧3 mm处绘制5 mm左右垂直相交细线。

e.利用相同办法，绘制另外三处裁切线，如图5-3所示。

f.如印刷全彩图文，需将裁切线色彩设置为C=100，M=100，Y=100，K=100。如印刷黑白，只需K=100，其他为0。

图5-3 绘制裁切线

②第二种直接插入方法如下：打开CorelDRAW软件，选中要绘制裁切线的对象，单击工具菜单—宏—运行宏—宏的位置—globalmacros.gms，单击添加裁切线等，单击运行，再单击应用即可，如图5-4—图5-6所示。

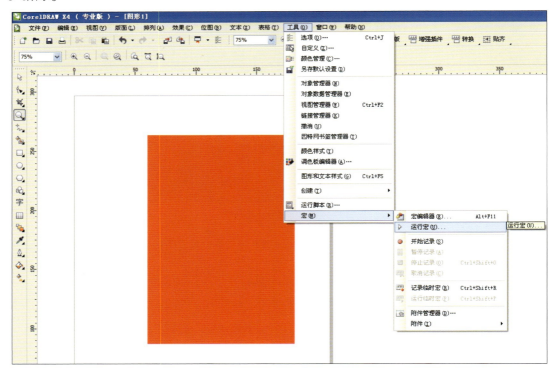

图5-4 单击工具菜单

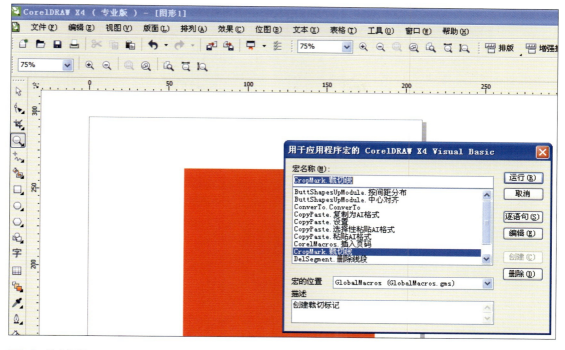

图5-5 单击运行

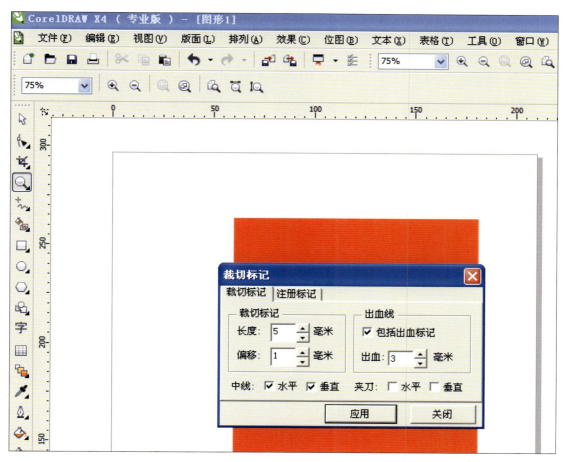

图5-6 单击应用

结果如图5-7所示。

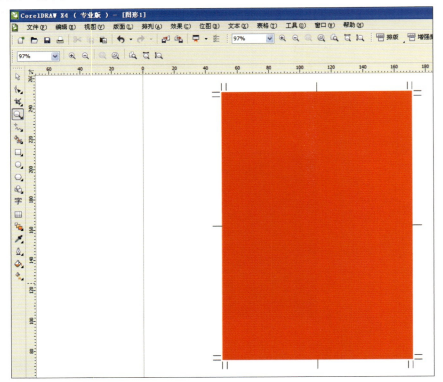

图5-7　裁切线添加成功

注意：插入裁切线前，一定要先选择要绘制裁切线的对象（文件整体对象）。

色彩模式检查

印刷中文件色彩模式应为CMYK，所以印前设计中，要在文件菜单中查看文件属性，看有无元素为RGB色彩模式，如有，需要转换为CMYK色彩模式，如图5-8所示。

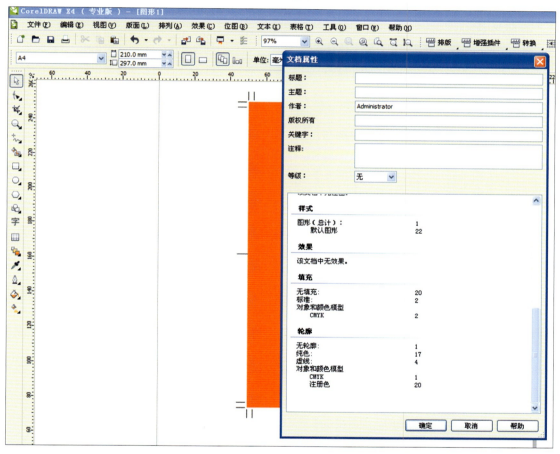

图5-8　转换色彩模式

5.4
拼版

印刷拼版又称CTP拼版，就是将小页文件拼成上机印刷用的大版，主要有套版印刷、自翻版印刷、反咬口印刷方式。

1）套版印刷

套版印刷也就是正反面印刷，需要两套PS版，印完一面后，反纸更换另一套PS版印另一面，套版印刷纸张只需一个咬口，如图5-9所示。

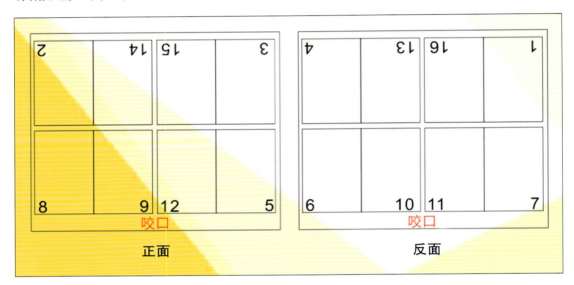

图5-9 套版印刷拼版

2）自反版印刷

只需要一套PS版，印刷品的正反面拼在同一张PS版上的左（正）右（反）两边，一面印好后，把纸张横向（左右）翻转印另一面，此时不需要再更换印刷机上的PS版和各种参数。自反版印刷纸张只需一个咬口，如图5-10所示。

3）反咬口印刷

反咬口印刷也叫天地翻印刷，只需要一套PS版，印刷品的正反面拼在同一张PS版上的天（正）地（反），一面印好后，把纸张竖向（天地）翻转印另一面，此时不需要再更换印刷机上的PS版和各种参数。反咬口印刷纸张需要两个咬口，而两个咬口的数值应是相等的，也就是印刷品一定要在纸张的上下居中，否则纸张翻转后将无法印刷，如图5-11所示。

拼版中的专业术语：头对头，脚对脚。可以先用纸张折叠模拟标注页码与设计编排的左右顺序后，再进行设计。

切记，页码对应的文件编排的左右顺序不一样：页码顺序不是连号，即设计时p1边上不一定是p2；不一定左边是p1，右边是p2。

现在有自动拼版软件，可根据装订方式，自动将小页文件拼成大版。

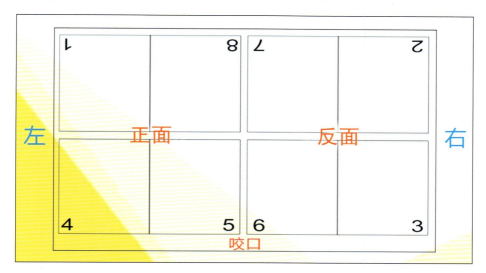

图5-10　自反版印刷拼版

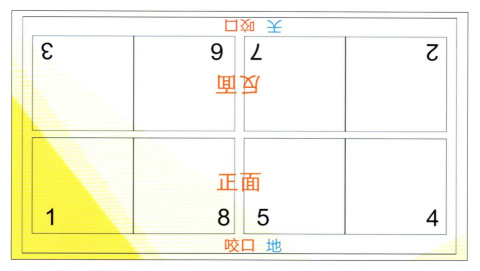

图5-11　反咬口印刷拼版

版面十字线

1）咬口线

印刷机上传送纸张的仪器，我们称之为叼牙，此叼牙的位置大小是10 mm，传送纸的整个过程中叼牙咬住的位置印刷是不上墨的，此位置称为咬口。为了方便印刷和蓝纸的检查，我们需要添加咬口线，添加咬口线的位置在纸边（地）往上10 mm，线添加在纸张的左右两边，线长和粗细正常为20 mm、0.2 mm，也可自定。

因特殊情况纸张不够大需要借咬口，可以不添加咬口线，借咬口的同时要在保持原大小成品尺寸的情况下方可执行；而且借咬口的部分必须是没有任何颜色的，画为咬口只能借纸张位置而不能借颜色位置，如图5-12所示。

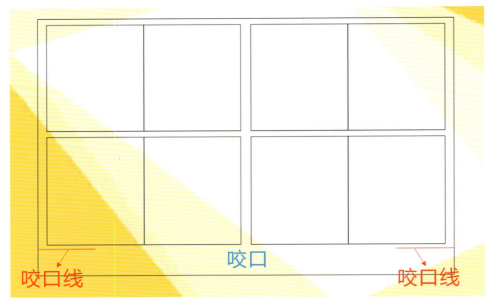

图5-12　咬口线

2）拉规线

印刷机用于平衡纸张的仪器，我们称之为纸规；为了方便印刷和后工序的检查，拼版的时候我们会在纸边上添加一条线，此线称为拉规线，添加拉规线的位置在纸的右边（正面右边、反面左边）往上100 mm或150 mm，印刷将按照此线平衡纸张的位置。拉规线分为挨身规（左）和对面规，挨身规多用于需要裱纸或反面啤的包装类印刷品，如图5-13所示。

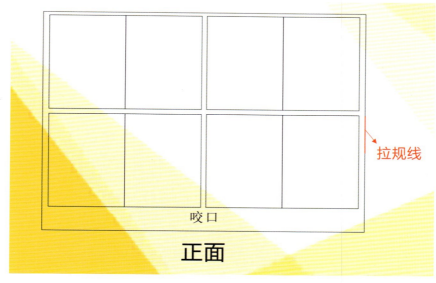

图5-13　拉规线

3）十字线

为了方便后工序的折页，在拼版的时候我们会在相应的位置添加十字，不同的折页方法添加在不同的位置，如图5-14所示。

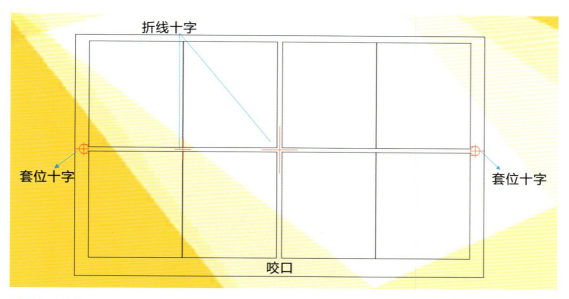

图5-14　十字线

5.6

折页方式

折页方法有很多种，根据不同的装订方式而定，因其他的折法在实际生产中容易产生不良效果故都不被采用，最为常用的有以下三种。

1）平衡折页

平衡折页法多用于折叠长条形的印刷品，如广告、说明书、地图、横开书本等。折横开书本常见的为8p折，多用于自反咬口拼版，如图5-15所示。

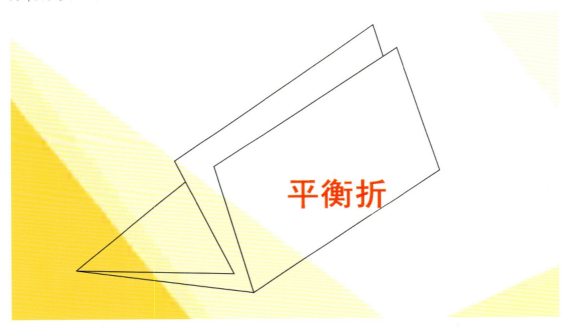

图5-15　平衡折页

2）垂直折页

垂直折页指每折完一折将书页转90°再折第二折，使相邻两折的折缝相互垂直的折页方法。垂直折页法是应用最普遍的折叠方法，主要用于书刊内页折页，其特点是书帖的折叠、配页、装订等工序的加工都比较方便。16P、32P常用此折法，如图5-16所示。

3）风琴折页

风琴折页指第一折折好后，向相反方向折第三折，依次来回折，使前折缝与后折缝呈平行状。此折法多用于横开书本的折页，常用于12P、16P折页（3折6页12个页码，4折8页16个页码），如图5-17所示。

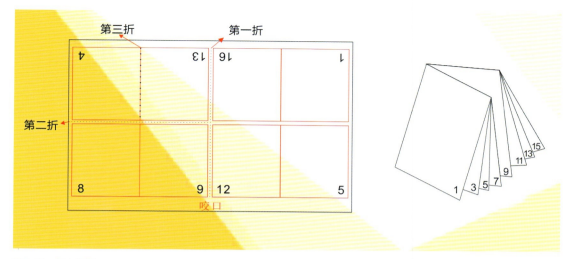

图5-16 垂直折页

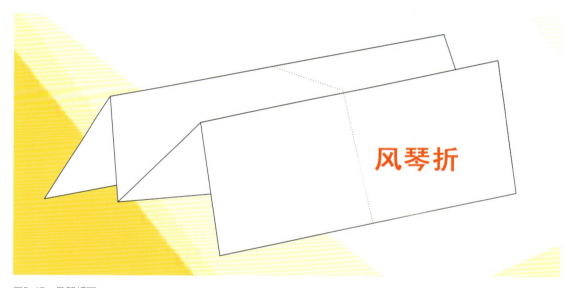

图5-17 风琴折页

印刷设计制作

教学目的和要求

（1）掌握印刷实践，让设计与产品接轨。

（2）掌握元素收集方法。

（3）掌握印刷制作流程与印制实践中的技术要求。

教学重点

设计元素与印刷质量要求对应关系。

教学难点

设计元素收集。

教学方法和手段

学做一体。

6.1

设计主题确定

主题，古代称意、旨、义等。在不同的文体中又有不同的叫法，如论文称总论点，作品称意蕴，课文称中心思想等。主题是设计的核心，也可以说是统帅、灵魂。

任何设计首先要有定位和主题，设计的其他要素如图、文、色彩等都受主题制约，如图6-1所示。

图6-1　主题海报

元素收集和元素处理

设计元素指设计中的基础符号，不同行业的设计有不同的设计元素。设计元素是为设计手段准备的基本单位。

1）平面设计元素分类

①概念元素：那些实际不存在的，不可见的，但人们的意识又能感觉到的东西。例如，我们看到尖角的图形，感到上面有点，物体的轮廓上有边缘线。概念元素包括点、线、面。

②视觉元素：概念元素不在实际的设计中加以体现，它将是没有意义的。概念元素通常是通过视觉元素体现的，视觉元素包括图形的大小、形状、色彩等。

③关系元素：视觉元素在画面上如何组织、排列，是靠关系元素来决定的。关系元素包括方向、位置、空间、重心等。

④实用元素：实用元素指设计所表达的含义、内容、设计的目的及功能。

2）元素收集手法

元素收集主要采取拍照、扫描、网络下载、绘制、设计等手段。

3）元素处理

每张图片都有一个主题或需要的目的，要根据主题选择性地处理（裁切、色彩调整、PS修饰等），以保证图片的美观、视觉的焦点等。注意图片分辨率为300 dpi。文字要简练，充分反映主题，还要便于记忆回味。

6.3

排版和菲林

1）排版

①先多看多欣赏，再揣摩总结（版面划分、大小对比、主题表现、视觉呼吸、辅助元素运用等），提升视觉欣赏水平。

②借鉴。

③部分借用，掺杂自己的思想，逐步形成自己的风格，表达自己的思想。

排版要注意突出主题与视觉呼吸，给人以设计美感，不能杂乱无章！

2）菲林

①先按印前设计要求做好出血、裁切线（每边设置3 mm出血，如需要200 mm×150 mm成品，即设置206 mm×156 mm文件）。

②用CorelDRAW文件菜单中的打印命令分色片预览，如图6-2所示。

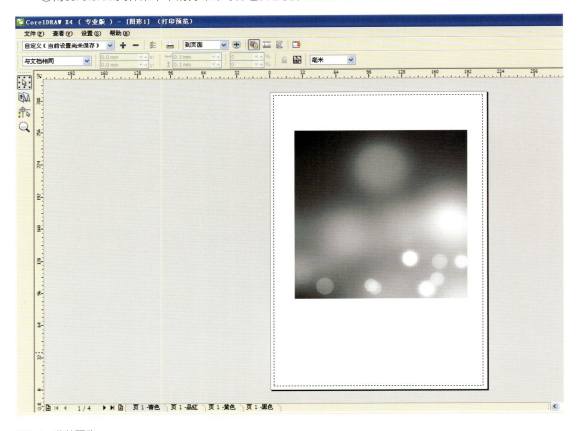

图6-2 菲林预览

从页面1，2，3，4依次可以预览青、红、黄、黑色片图形，以检查设计稿。

③保存为cdr格式，注意色彩模式为CMYK，文字转曲，轮廓线转为对象，图片转为位图，如图6-3所示。

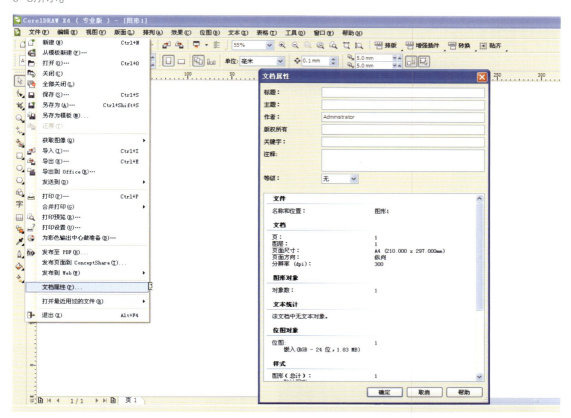

图6-3　保存cdr格式

④前往菲林公司出胶片（菲林），如图6-4所示。

图6-4　出胶片

印刷行业是一个复制产品的行业，须提供一个复制的母体（也称原稿），原稿上记载了需要复制的信息内容和所需的其他工艺信息。

1）平版制版

生产中常用的平版有PS版、平凹版、蛋白版（平凸版）、多层金属版等。印版主要的原理是亲油疏水和亲水疏油的过程，图文部分亲油，空白部分亲水。

（1）PS版制版原理

PS版是预涂感光版（pre-sensitized plate）的缩写，版材有0.5 mm、0.3 mm、0.15 mm厚度的铝版。制版工艺经过是电解粗化、阳极氧化、封孔，版面上涂布感光层，制成预涂感光版。PS版分为阳图型PS版和阴图型PS版，如图6-5所示。

图6-5　PS版

（2）平凹版

平凹版是用阳图底片晒制的印版。制版是经过磨版和前腐蚀的锌板或铝板，在表面涂布感光胶，再经烘干与阳图底片一起放到晒版机内进行曝光。制版工艺经过是磨版、前腐蚀、涂感光液、晒版、显影、腐蚀、擦蜡光、除膜、上胶。

（3）蛋白版

蛋白版是在经过研磨已有砂目的金属锌板上，涂布一层由蛋白、重铬酸铵和氨水配置而成的感光液，烘干后和阴图底片一起放进晒版机内进行曝光。蛋白版的成本低，操作简单，但感光层耐酸、耐碱性比较差，适合少量的印刷产品。

（4）多层金属版

按照图文凹下或凸起的形态分为平凹版和平凸版，使用比较多的是平凹版。铜金属上镀铬制成两层平凹版，铁金属上镀铜后再镀铬制成三层平凹版。多层金属版耐印力非常强，但制版时间长、成本高，阶调色彩再现效果不如PS版，适合印制数量大的卷票底纹和包装材料等。

2）CTP版制版

CTP（computer-to-plate的简称）是通过计算机直接制版。这套系统更为先进，减少了生产工艺环节，它不需要经过制作软片、晒版等中间过程，只要把计算机处理好的版面信息经过激光扫描，直接将版面的信息复制到印版上成像，如图6-6所示。

CTP系统由数字印前处理系统，光栅图像处理器（RIP）、制版机、显影机等组成。

（1）数字印前处理系统

数字印前处理系统的主要功能是将原稿的文字、图像、图形编辑成数字式信息版面，由印前文字图像处理、页面拼版、彩色桌面制作即可完成。

图6-6　CTP版制版

（2）光栅图像处理器（ RIP）

光栅图像处理器是把数字式印前系统制作成数字式版面信息，再转换成点阵式整页版面的图像，用一组水平扫描线将图像输出。RIP是开放式系统，能对不同的系统生成数字式版面信息。

（3）制版机

制版机是连接印前系统和印版的重要设备。其作用是经过RIP的连接，将数字式版面信息直接扫描输出到印版上，通常采取激光扫描直接将数字式版面扫描记录在印版上。

（4）显影机

显影机是后处理设备，通过显影、定影、冲洗、烘干等过程，把制版机所生成的潜影图像的版面印版转变成上机印刷的印版。

CTP直接制版机有三大类，即内鼓式、外鼓式、平台式。生产常用的是内鼓式和外鼓式，平台式主要用于报纸等大幅面版材上。CTP使用的版材主要有银盐扩散型、感光树脂型、银盐复合型、热敏型四种类型，现阶段以热敏和光敏为主。

3）凸版制版

凸版印刷的印版分为铜锌版、活字版、铅版、感光树脂版。

（1）铜锌版

用铜板做材料制成的版称为铜版，铜版使用在网点线数较高的图像印版上。用锌板做材料制成的版称为锌版，锌版使用在线条的印版上。在日常生产中，习惯上称为铜锌版，如图6-7所示。

铜锌版制作的工艺流程为：底片准备、版材准备、晒版、腐蚀、整版、打样。

图6-7　铜锌版

（2）铅版

铅版也称为纸型铅版，以铅活字版为原版复制而成。其特点是印版的耐印力高，并且可以用于异地或多台印刷机印刷。

铅版制作工艺流程为：原版、制纸版、浇筑铅版、修版、电镀。

4）柔性版

柔性版也称为感光性树脂凸版，感光树脂柔性版由光敏树脂构成，经紫外线直接曝光，使树脂硬化形成凸版，感光树脂柔性版具有规格稳定、制版时间短、质量高、厚度均匀及耐磨性好等特点，如图6-8所示。

图6-8　柔性版

（1）液体固化型感光树脂版

液体固化型感光树脂版在感光前树脂为黏稠、透明的液体，感光后胶粘成固态。主要成分有树脂、交联剂、光引发剂、阻聚剂等。液体固化型感光树脂版制作过程如下：

①铺流。配制感光树脂注入成型机料斗，感光树脂从料斗流出时，用料斗顶端的刮刀把流出的感光树脂刮成一定的厚度，并要保证厚度的均匀一致。

②曝光。在铺流的感光树脂上覆盖一层透明薄膜，将正向阴图底片放至上面，先正面曝光，后背面曝光，正面曝光时间比背面曝光时间要长近10倍。

③冲洗。将曝光好的感光树脂放入冲洗机内，用浓度3%～5%的稀氢氧化钠溶液进行冲洗，溶液温度保持在35 ℃左右。

④干燥和后曝光。把冲洗后的感光树脂版放入红外线干燥器中进行干燥，等感光树脂版完全干燥后，再进行一次后曝光，其目的是增加印版强度和提高耐印力。

（2）固体硬化型感光树脂版

固体硬化型感光树脂版是在聚酯薄膜的片基上涂布感光树脂，经曝光、冲洗，即可得浮雕状的凸版。固体树脂版的制作工艺与液体树脂版的制作工艺基本相同，经过曝光、冲洗、干燥、后曝光，但多出一道工序即热固化处理。

在进行热固化处理时，烤箱内的温度必须达到120～130 ℃，使聚乙烯醇脱水，提高印版的硬度。

（3）直接制版

使用计算机直接制柔性版有两种方法，一种是激光成像制柔性版，另一种是直接激光雕刻印版。激光成像是使用计算机的直接制版系统，用数字信号指挥YAG激光产生红外线，在涂有黑色和成膜的光聚版上，通过激光将黑膜烧蚀而成阴图。激光雕刻是以电子系统的图像信号控制激光，直接在单张或套筒柔性版上进行雕刻，形成柔性版。

5）凹版

凹版的印刷及印版的原理与凸版、平版都不同，凹版是以图像或线图的墨量厚度来表现图像层次，而凸版和平版是以网点面积大小，以及线图的粗细疏密来表现图像层次的。因凹版印刷的墨量比较大并有一定厚度，使印品上的图像具有微凸的效果。

（1）凹版印版类型

凹版印版根据图像图文形成的不同，分为雕刻凹版和腐蚀凹版。

①雕刻凹版。雕刻凹版有手工雕刻、机械雕刻及电子雕刻，是利用控制雕刻刀在印版上把图文部分挖掉，为表现图像层次的丰富效果，则挖去的深度和宽度就各有不同，深度越深，色彩就越浓；反之，深度越浅，色调就越淡薄。

②腐蚀凹版。腐蚀凹版有照相凹版和照相网点凹版，是利用照相和化学腐蚀方法，将需要的图文通过腐蚀制作出凹版。

（2）雕刻凹版工艺

雕刻凹版按工艺分为手工雕版、机械雕刻版、电子雕刻版和激光雕刻版。

①手工雕版。手工雕版分为直刻凹版、针刻法和镂刻法。

a.直刻凹版。采用钢质等金属材料，经过材料退火、版面加工，再转印图像轮廓，用雕刻刀手工雕刻。

b.针刻法。在金属版材上用专业的雕刻针工具，用手工雕刻方式直接雕刻出图像。

c.镂刻法。镂刻法是用压花铲等工具进行雕刻，在版材上直接勾画出图文，版材表面涂上油墨，用压花铲或压花轴在版材表面滚压出图文，再用刮刀或压光板对表面不平整的毛刺进行修整，然后再用压花轴重新滚压出图文。

②机械雕刻版。用雕刻机械通过移动雕刻出平行线、彩纹、弧线、波线、曲线、圆、椭圆、花纹等组合成图文。主要雕刻机械有平行线雕刻机、彩纹雕刻机、浮凸雕刻机、缩放雕刻机。

③电子雕刻版。电子雕刻版是集现代化机械、光学、电学、计算机为一体的制版方法，能迅速、准确、高质量地制作出凹版。

电子雕刻凹版效果细腻、层次丰富，现已广泛运用于凹版印刷领域。

a.电子雕刻机的系统组成。由原稿扫描滚筒、印版滚筒、扫描头、雕刻头、传动系统、电子控制系统组成。

电子雕刻机的功能有很多，如圆周向无缝雕刻、层次自动调整、网穴角度调整等。

b.电子雕刻凹版的制作工艺。电子雕刻凹版的制作流程：扫描底片、安装印版滚筒、测试、雕刻、镀铬。

④激光雕刻版。激光雕刻采用表面喷涂环氧树脂，在滚筒表面经处理后再进行激光雕刻。

（3）腐蚀凹版工艺

①照相凹版工艺。照相凹版又称影写版，先把原稿制成阳图片，经过整修后使用。在敏化处理后的碳素纸上，用凹印用的网屏曝光，再用阳像底片曝光。在碳素纸上的感光层，因阳像浓淡不同的密度而产生不同程度的硬化，再将曝光后的碳素纸过版到滚筒面上，经过温水浸泡，逐渐把没有硬化的胶质溶掉，再用三氯化铁溶液进行腐蚀。由于图文层次密度不同，胶层硬化程度也不同，三氯化铁溶液对胶层的渗透程度也不同，因此，就形成了深浅不同的凹陷，制作出图像层次丰富的凹版。

照相凹版工艺流程：照相、修版、拼版、晒版、过版、镀铬、整版、打样、腐蚀、填版。

②照相加网凹版。直接在印版滚筒表面涂布感光液，再附网点阳图片晒版，在光的作用下，空白部分的胶膜感光硬化。硬化的胶膜起到保护滚筒表面不被腐蚀的作用，形成非图文面，图文部分就被腐蚀成深度相等而面积大小不等的网点，制作出所需的凹版印版。照相凹版工艺特点就是不需碳素纸转移图像。照相加网凹版有深度相同和深度不同的照相加网凹版的制版方法。

a.深度相同的照相加网凹版。深度相同的照相加网凹版是使用网目调阳像底片，代替了照相凹版用的连续调阳像底片未晒印版滚筒。其制作工艺流程：铜印版滚筒准备、脱脂去氧化层、涂布感光液、网点阳像底片晒版、显影和冲洗、图墨、腐蚀、冲洗、脱模、镀铬。

　　b.深度不同的照相加网凹版。将照相凹版与照相加网凹版两种制作方式结合起来，形成有深度变化的照相加网凹版制版。其制作工艺流程，如图6-9所示。

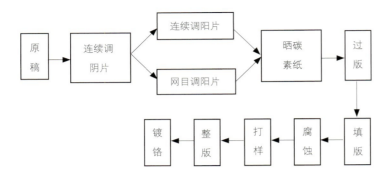

图6-9　照相凹版制作工艺流程

6）丝网版制作

　　丝网印刷简称为丝印，也称为漏印、丝漏、丝漆印。丝印是非常古老和传统的方法，是孔版印刷中应用最为广泛的一种印刷方法。丝网是以真丝、尼龙、涤纶、不锈钢网等材料编制而成。丝网印刷具有制版速度快、印刷简单方便、设备投资少、成本低、承印范围广等特点，如图6-10所示。

图6-10　丝网印刷

　　（1）版基

　　版基包括以下几种。

　　①丝网。丝网印版需要制成框架式结构，用于固定丝网（版模）和油墨的基体范围，是提供印版的表面性能、漏墨性能、位置精确、耐印能力的重要条件，这些条件直接影响印品的质量。丝网主要材料种类：绢网、尼龙网、涤纶网、不锈钢网、防静电丝网等。

　　丝网主要技术参数：目数、孔径、丝径、网厚、网孔面积等。

　　②网框。网框是提供固定丝网的支架，丝网和支架组合成网版，也称为印版的版基，同时也是保证丝印质量、使用时间长短的主要条件。网框制作材料可采用木框、金属框、塑料框等。

　　③绷网。将准备好的丝网材料绷在网框上，绷网工艺主要包括丝网拉紧和固定丝网，也称拉网和固网。

（2）制版

丝网印版是利用感光材料，经过见光而发生物理或化学反应的变化，使用晒版的方式制作成版膜。感光膜见光部分发生硬化，未见光部分不会产生硬化，再用适当的溶剂侵蚀该膜，因硬化处耐腐蚀，不硬化部分易腐蚀溶化。这样就形成了一块版膜，最后将版膜和丝网黏合在一起即成丝网印版。

①感光制版方法可分为直接法、间接法、直间法三种方式。

a.直接法。直接法是直接将感光胶涂布在丝网上，再进行晒版而制成印版的制版方法。其制版工艺流程为：网版的前处理、涂版至干燥、晒版、显影、干燥、修整。

b.间接法。间接法是先将阳图底片与感光膜紧合在一起，经过曝光、固化、显影即可制成具有图文的版膜，然后将版膜转贴到网版上。其制版工艺流程为:晒版、固化、显影、版膜上网、干燥、去除片基、修整。

c.直间法。直间法是直接法和间接法的综合制版方法。先将涂有感光材料的片基感光胶膜朝上平放在台面上，再将绷好的网框平放在片基上，然后在网框内放入感光胶，并用软质刮板加压涂布，干燥后拿去片基，再经过曝光、显影，即完成丝网印版。

②其他制版。丝网制版具有很多种方式，主要有：

a.喷绘扫描曝光直接制版法。

b.红外线制版法。

c.照相腐蚀制版法。

d.电子刻版法。

e.激光制造金属版膜制版法。

6.5

打样

菲林做好后，开始印刷打样，样稿让客户查看，客户同意后并在印刷打样稿上签字：照此印刷！由于印刷环节较多，客户不同级别人物的意见往往不够统一，造成修改较多，切记要印刷打样检查，让客户签字！

印品打样是生产过程中的一个重要环节，其目的就是尽量减少生产中产生的色彩差距，以保证产品的质量。同时，也是起到校对的作用，并可纠正制作过程中所发生的文字、色调、图像、照片、图画等错误，从而保证批量生产的可靠进行。

打样是印刷中不可缺少的工序，不同的印刷方式应采取不同的打样形式。最为复杂的打样是平版打样，因平版打样必须具备专用打样设备和专职技术人员操作。凸版、凹版打样就比较简单。柔性版由贴版打样机打样，也可直接上柔印机打样。随着科学技术的不断发展，打样机自动化的程度已非常高。

1）机械打样

使用打样机打样也称为模拟打样，机械打样的条件基本与印刷机的条件相同，如纸张、油墨、印刷方式等。机械打样同样也需要把原版晒制成印版，然后安装到打样机上进行印刷得到样张，与印刷机不同的就是打样机是一张一张送纸，颜色也是一色一色套印，谈不上生产效率。打样好的样张，首先经过审核、校对，待确定版面、色调、文字、规格无误，再送至用户审核签名，方可批量生产。

2）机械打样工艺

（1）准备工作

接受打样生产通知单，认真阅读工单的各项要求，检查打样机的机械部位，准备打样的印刷材料和辅助材料。

（2）晒版、上版

将原版（菲林）清洗干净，在PS版上与原版复合定位，再送至晒版机进行晒版。然后对晒好的版进行检查，查看是否干净、是否渗网等情况，确定无误，再将PS版上至打样机上。

（3）输水、输墨

开机打样前，先向版面输水润湿版面，以免版面上脏，输水上版的水量控制在微湿状态，在保证版面不脏的前提下，尽可能地少输水。输墨包括加墨、匀墨、着墨，在操作工程中，为了保证版面清洁和图文快速上墨，操作人员应使用湿布反复抹擦版面。

（4）送纸套印

一般打样机都是半自动单色，输纸方式多为手工给纸、收纸，纸张放至输纸台上的居中位置。机器开始运行时，应先过几张过版纸，待水、墨基本平衡后，再进入试印，直到印版、印张的水墨最佳并处于稳定状态时，再正式送纸印刷，达到高质量的色样和样张。

（5）换版洗墨

每色印刷完毕需要换版洗墨，先将平台上的印版清洗干净，并涂擦保护胶然后卸版，放置在指定的存放处。再换上第二块（第二色）印版，依次进行清洗墨辊、橡皮胶布、压印平台，直至完成全部印版。

（6）设备保养

生产完毕，应及时清洁机台的卫生，将机台周围的杂物、废纸、脏物清理干净，对用过的版纸应按照规格整理好，摆放到指定的纸架上。机台清理干净后，对该加油的机械部位进行加油，并用机罩或大纸或布将机器盖好，特别是橡皮布，容易氧化。最后关闭总电源。

3）数码打样

数码打样是指以数字出版印刷系统为基础，在出版印刷生产过程中按照出版印刷生产标准与规范处理好页面图文信息，直接输出彩色样稿的新型打样技术，即使用数字化原稿直接输出印刷样张。它通过数码方式采用大幅面打印机直接输出打样来替代传统的制胶片、晒版等冗长的打样工序。数码打样系统一般由彩色喷墨打印机或彩色激光打印机组成，并通过彩色打印及模拟印刷打样的颜色，用数据化的原稿（电子文件）得到校验样张。

数码打样系统由数码打样输出设备和数码打样软件两个部分组成，该系统采用数字色彩管理与色彩控制技术高保真地将印刷色域同数码打样的色域一致。其中数码打样输出设备是指任何能够以数字方式输出的彩色打印机，数码打样控制软件是数码打样系统的核心与关键，主要包括RIP、色彩管理软件、拼大版软件等，完成页面的数字加网、页面的拼合、油墨色域与打印墨水色域的匹配，如图6-11所示。

图6-11　数码打印机

6.6

印刷

印刷数量通常以千张为单位，以令计算（1色令为1 000印张）。印刷现场，如图6-12所示。

图6-12　印刷现场

印刷工艺

教学目的和要求

（1）理解印刷工艺与设备。

（2）掌握印刷制版类型与特点，能根据需要选择相应版型。

教学重点

印刷制版类型与特点。

教学难点

印刷制版实践。

教学方法和手段

学做一体。

7.1

平版印刷

1）印前准备

（1）用纸

平版印刷通常采用胶版纸、铜版纸、新闻纸、白版纸等。纸张要求具有质地紧密、纸面平滑、白度良好、不起毛、不脱粉、伸缩性小等性能。

为保证印刷的顺利进行，纸张所含水分应尽量少，符合印刷机的要求。如果纸张出现水分过多或纸张过于干燥的现象，在印刷前就应进行抽湿或吸湿处理，以达到纸张含水量的最佳状态。

（2）匹配油墨

根据印品的色彩情况，了解并选择适宜的油墨。油墨的质量要素主要是三原色的色相纯度高、油墨的黏度及流动性适当、油墨表面不易起皮等，达到这几个标准基本就能够满足印品的质量要求。辅助材料的加入，要看生产车间温湿度及纸张的质量情况而定。干燥油的加入一定要符合纸张的性能，如需加入干燥油，应逐渐添加，过量容易产生油墨堆版，加速油墨乳化，造成糊版的现象。用量过少，油墨不能在较短时间内干燥，造成印品背面擦花。

（3）润版药水

在平版印刷过程中，版面应保持润湿，其目的就是让版面的空白部分不吸收油墨。润湿药水应在开机前调配好，注入印刷机的水斗中，并调整印刷机的供水系统，使水分完全适合印刷要求。水分过大，印品的图文和色彩感觉无力、苍白、缺乏立体感；水分过少，印品的图文和色彩感觉模糊、画面脏、重影、清晰度差。所以，平版印刷一定要保持水墨平衡，这样才能印出符合标准的产品。

2）开机印刷

首先取好印版和打样稿，按照颜色的顺序依次将PS版（印版）安装到印版滚筒上。在开机前，应对机台的给纸、传纸、收纸情况进行检查，对拉规、压力、印版滚筒、橡皮滚筒、压印滚筒进行校正和调整，最后开机套印，同时检查供墨、供水的平衡。

印刷时应保证印版的清洁，印出的合格样张应交生产主管或客户审批，得到批准签名后方可进行批量印刷。

3）平版印刷机种类

平版印刷机有多种规格和型号，印刷机规格和型号的选用，应根据自身的业务范围和主要产品而确定。

平版印刷机按以下方式分类：

①按纸张规格可分为全张胶印机、对开胶印机、4开胶印机、8开胶印机。

②按印刷色数可分为单色、双色、四色、五色、六色等胶印机。

③按印品版面可分为单面印刷胶印机、双面印刷胶印机。

④按输纸方式可分为单张纸胶印机、卷筒纸胶印机。

各种平版印刷机如图7-1所示。

罗兰五色机　4开

海德堡双色机　4开

日本小森双色印刷机　4开

日本小森五色印刷机　对开

图7-1　各种平版印刷机

柔性版印刷

柔性版印刷的特点是印刷速度快、承印材料适应性广、成本低、周期短，使用水性油墨或UV油墨，无毒无害，利于环保，更适应于安全性能较高的食品包装、药品包装。

1）贴版

贴版是将感光树脂柔性版用胶带粘贴到印版滚筒上。

（1）贴版双面胶

贴版双面胶主要由中间基材层、两面粘贴层、单面或双面保护层纸合成。

①基材，是决定贴版胶带厚度的组成部分。基材主要有薄膜类基材和泡棉类基材两种，薄膜类基材弹性好，并且均匀。

②粘贴层，其作用一方面是将保护层纸附着在基材表面，另一方面在保护纸撕开后能紧密粘贴在印版滚筒与印版之间。

③保护纸，防止基材层被划伤和防尘，同时便于解卷。

（2）贴版操作

柔性版印刷机的印版，应事先粘贴在印版滚筒表面。为了保证贴版的准确性，一般采用上版机。

2）柔性版印刷机

柔性版印刷机汇集了凸印、凹印、平印的印刷工艺特点。柔性版印刷机普遍采用高弹性凸版，使用带孔穴的金属网纹辊定量供墨，要求使用流动性能好、黏度较低的快干性溶剂或水性油墨，印刷质量达到平印的效果。

柔性版印刷机适合各种纸张、塑料薄膜、金属薄膜、不干胶等多种材料。凸版柔性印刷机如图7-2所示。

图7-2　凸版柔性印刷机

凹版印刷

1）凹版工艺

凹版印刷机自动化程度高，工艺操作要比平版印刷简单，技术相对容易掌握。凹版印刷工艺流程为：印前工艺、上版、调整规矩、正式印刷、印后处理。

2）凹版印刷机

凹版印刷机有两种类型，一种是单张纸凹印机，另一种是卷筒纸凹印机。根据生产需要，凹版印刷机可以另配备一些辅助设施，方便和提高后续加工的效率。如印刷书刊的凹印机，附设折页功能、包装功能、模切压痕功能等。凹印机的生产过程，都是由输纸部分、着墨部分、印刷部分、干燥部分、收纸部分组成。电脑高速凹版机如图7-3所示。

图7-3　电脑高速凹版机

7.4

丝网印刷

丝网印刷历史悠久，是一种非常古老的印刷方式。丝网印刷的基本原理是，印刷图文部分通过网点漏孔渗透油墨，漏印到承印物上，空白部分的网孔是完全堵塞的，油墨无法渗透，所以承印物上就是空白的。

丝网印刷用途非常广泛，其他印刷机种无法做到的印刷任务，丝网印刷基本能做到，不受承印物的形状、面积等限制，灵活性、适应性非常强。

1）丝网印刷工艺

丝网印刷有两种方式，一种是手工印刷，一种是机械印刷。丝网印刷工艺流程为印前准备、刮墨板调整、印刷、印品干燥。

（1）印前准备

制作丝网框架，固定丝网形成印版。再把丝网印版安装到印刷机上，调整印版与印台之间的间隙，确定承印物的准确位置，调配油墨等。由于丝网印刷是依靠网孔漏墨，故油墨的黏度不宜过高，以保证油墨的流动和渗透。

（2）刮墨板

丝网印刷是用橡皮刮墨板将油墨刮漏到承印物上，因此，刮板要求有较好的弹性，并具有耐溶剂性和耐磨性。丝网印刷应根据承印物材料的质地选择刮墨板，刮墨板的造型有直角形、圆角形、斜角形等。

（3）工艺要求

丝网印刷的印刷墨层厚、油墨干燥速度缓慢，印品需要干燥架晾干或移动式干燥机干燥。如使用红外、紫外油墨印刷时，应采用红外、紫外干燥机干燥。

2）丝网印刷机

（1）誊印机

誊印机又称速印机，主要用于印刷文件。誊印机的印刷幅面一般在8开以内，印纸厚薄基本无限制，通常定量在50g/㎡及以上的纸到卡纸都可以印。

（2）丝网印刷机

丝网印刷机有单色、多色、手动、自动等机型。其中，包括平面丝网印刷机、曲面丝网印刷机、圆网印刷机、静电丝网印刷机。

①平面丝网印刷机。平面丝网印刷机是在平面上进行印刷的机型。丝网印版是安装在专用丝网印版框架内，印版框架配有控制印版上下运动与橡皮刮墨板来回运动的装置。

②曲面丝网印刷机。曲面丝网印刷机能在圆体面、椭圆面、球面、锥面、各种容器表面、玻璃面、金属面等物体上进行丝网印刷。丝网印版是在平面上进行水平方向移动的，橡皮刮墨板固定在印版上，承印物与网版是同步运动进行印刷。

③圆网印刷机。丝网印版呈圆筒状，油墨装置安装在滚筒内部，可进行连续刮墨。圆网印刷机的均匀性能与清洁性能都优于平面丝网印刷机，一般用于卷筒匹布、墙纸的印刷。

④静电丝网印刷机。静电丝网印刷机是利用静电吸附粉末状油墨进行印刷的丝网印刷机。印版是用较好的导电金属丝网制作，原理是利用高电压发生装置使其带正电，并使与金属丝网平行的金属板带负电，承印物置于正负两极之间。粉末油墨自身不带电，通过丝网印版后带正电。由于带负电的金属板吸引带正电的粉末，油墨便落到承印物上，经加热处理，粉末固化形成永久图文。各种丝网印刷机如图7-4所示。

简易丝网印刷机

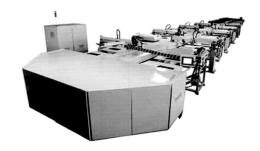

椭圆形丝网印刷机

自动滚筒式丝网印刷机

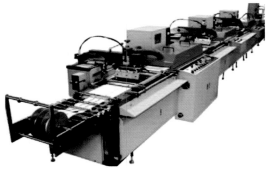

大型广告丝网印刷机

图7-4　各种丝网印刷机

7.5 数字印刷

数字印刷是用数字信息代替传统的模拟信息，直接将数字图文信息转移到承印物上的印刷技术。数字印刷将原始稿件的文字、图像等全部输入计算机内进行处理编排，无须经过电子分色胶片、冲片、打样、晒PS版等工序，而是直接通过光纤网络传输信号到C、M、Y、K四色数字印刷机上印刷，并且可以直接进行分色制版。

1）数字印刷分类

数字印刷通常分为在机成像印刷和可变数据印刷。

（1）在机成像印刷

制版是在印刷机上直接完成，大大节省了中间的出片、拷片、拼版、晒版、装版等工序环节。由于在机成像印刷技术是直接印刷，因此也就减少了信息传递过程中可能出现的错误和损失，更加准确地完成图文复制的印刷任务，极大地提高了生产效率。

（2）可变数据印刷

可变数据印刷是指在印刷机不停机的状态下改变印品的图文，在印刷过程不间断的情况下，可以连续印刷出不同的图文印品。可变数据印刷根据成像原理分为两类：电子照相、喷墨印刷。

①电子照相。电子照相也称为静电成像技术。它利用激光扫描的方法，在导体上形成静电潜影，再利用带电色粉与静电潜影之间的电荷作用力实现潜影，将粉色影像转移到承印物上而完成印刷。

②喷墨印刷。喷墨印刷是使油墨通过机体的设置，以均衡合理的速度，从细微的油墨喷嘴喷射到承印物上，经过油墨与承印物的相互作用，实现油墨影像的再现。

2）数字印刷的特点

（1）简易操作

兼容性强，能兼容Photoshop、FreeHand、PageMaker、QuarkXPress、CorelDRAW等计算机文件的输出印刷。数字印刷可实现对于远程PDF数据信息的接受处理，充分体现数字印刷方便、快捷的优势。

（2）工艺简化

可以通过快速的软硬件RIP生成PS文件，既可直接印刷，也可以直接经过电分系统分色成四色胶片，再经过晒版后，用于其他种类的印刷机用印版进行印刷。

（3）个性化印刷

数字印刷的个性化及随意生产功能很强，无数量限制，从印刷一张到印刷几千张都可，并可随时加印、修改。

（4）双面同时印刷

彩色数字印刷系统的软硬件RIP可以按照用户的要求，生成双面印刷PS文件传输给数字印刷系统，数字印刷系统经过RIP进行栅格化处理，形成正反两面共两套CMYK印刷单元，通过电脑控制，可将两个不同的电脑文件合并成正反两面，即可一次完成双面印刷。

（5）多页面系统

彩色数字印刷机配置了大容量内存，并支持多种颜色。如果每种颜色配有72 MB内存，即C、M、Y、

K四色共有288 MB以上的内存的话，数字印刷机可连续印刷68页A4的文件，并可依照编排好的页码顺序依次完成印刷。彩色数字印刷机如图7-5所示。

图7-5　彩色数字印刷机

印刷后加工

教学目的和要求
（1）熟悉印后加工工艺类型与特点。
（2）掌握印后加工表面处理、模切、装订与印品性能及客户要求间的对接处理。

教学重点
合理运用表面处理、模切、装订等工艺。

教学难点
表面处理、模切、装订等工艺与成品要求间的差异与对接。

教学方法和手段
学做一体。

8.1

表面工艺加工

印后加工就是将印刷品按照产品的性能或用户的要求，选择加工规定工序依次进行加工生产。印后加工一般分为三类：表面工艺处理加工、包装模切成型加工和书刊折页装订加工。

针对不同的印品采用不同的工艺处理。书籍、画册、产品说明书等的封面处理，包装容器产品的表面处理，如上光、覆膜、电化铝、模切、压痕等工艺处理。印品的表面工艺处理，不仅提高了产品的美观性，同时也提高了产品的保护性和耐用性。

1）上光

上光是在印品的表面喷涂一层无色透明的涂料，经过流平、压光后，印品的表面就会形成透明的光亮层，从而使纸张表面呈现光泽的效果。在上光过程中，纸张表面的平滑度越好，纸面光泽度就越强。

（1）上光用途

①增强印品表面平滑度和光洁度，主要适用于卡纸印刷的儿童卡通招贴画、挂历等。

②增加了印品表面的耐磨度，对印刷图文能起到一定的保护作用，主要适用于包装制品、书刊封面、画册封面。

③延长了印品的使用期，在防水、防污、耐热等方面起到一定的作用。

④提升了商品档次，增添了产品外观的艺术感，提高了商品的附加值。

（2）上光工艺

上光是指印品表面涂上光油和压光的工艺过程。印品上光后，不宜堆放积压，需要进行晾干处理，否则会出现粘连的情况。上光后效果如图8-1所示。

图8-1　上光后效果

2）压光

压光就是将已上光的印品通过压光钢带加温和滚筒的压力进行加工的过程，经过压光后的印品表面呈现平滑光亮的效果。压光机的压光钢带表面应该绝对平滑光亮。如果钢带表面出现凹凸不平的表体，就会直接影响被压光的印品质量，凹凸部分就无法体现压光的效果，因此，压光钢带的质量直接影响压光印品的质量。

压光的基本原理是通过热滚筒传输到压光钢带加温产生热量（加温的标准是根据印品纸张的厚薄，以及上光油的生产要求而决定），以及热滚筒和压光胶辊进行挤压，再经过压光机的冷却箱的处理，产生印品的光亮效果。

必须注意的是，印品压光后，不宜堆放积压，在纸面温度没有完全冷却时，如果积压成堆，会造成纸张变形，直接影响产品质量和后工序的加工生产。

3）覆膜

覆膜是将一层透明的塑料薄膜通过覆膜机、黏合剂，加热、加压与印刷品完全粘贴在一起，起到美观和提高产品档次的作用，同时，也对印品表面起到了防水、防污、耐磨等作用。

（1）覆膜原理及应用

①覆膜原理。覆膜原理是将黏合剂经过覆膜机胶水槽均匀地涂布在塑料薄膜上，覆膜机加温箱对已涂布黏合剂的塑料薄膜进行加温，达到一定温度，并与印刷纸张在机台压力下形成完全复合的效果。

②覆膜的应用。经过覆膜的印品，表面色彩效果非常鲜艳、光滑、光亮，并具有耐磨、耐潮、防尘的功能，还可以延长印刷品的使用寿命，同时也提高了印品的观赏价值和艺术品位。

覆膜工艺广泛用于书刊封面、画册封面、宣传海报、产品包装及挂历、各类说明书等。覆膜工艺如图8-2所示。

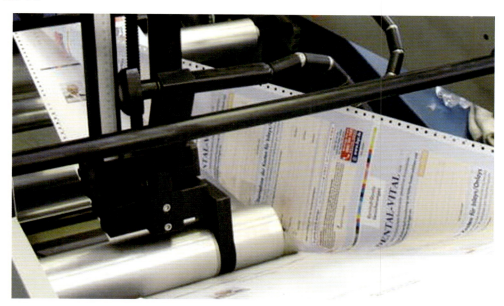

图8-2　覆膜工艺

（2）覆膜工艺

覆膜工艺分为现涂覆膜和预涂覆膜两种工艺。现涂覆膜又分为湿式覆膜和干式覆膜两种。

①现涂覆膜。其覆膜材料是卷筒塑料薄膜，薄膜上没有黏合剂，要经过覆膜机涂布黏合剂后再干燥，然后施加压力与印品复合到一起的生产工艺。

②预涂覆膜。预涂覆膜是指黏合剂预先涂布在塑料薄膜上，经过干燥，收成卷筒再出售成品的原材料。需要覆膜时，只需在覆膜机台上加热、加压即可完成复合工艺。预涂是比现涂要少注入黏合剂及加温的生产工序。

4）电化铝（烫金）

电化铝俗称烫金，是将金属箔安装到烫金机上，经过机器电热板加温后转印到印刷品表体或其他承印物上的过程。烫金效果如图8-3所示。

（1）烫金原理及特点

①烫金原理。烫金原理就是利用电热板加温产生热压，将金属箔隔离层面热熔型上的有机硅树脂熔化，使铝层与底膜完全脱落，同时转印到烫印物料上。烫金过程需具备四个条件：温度、压力、铝箔和烫版。

图8-3　烫金效果

②烫金的特点：

a.化学性质稳定，有金属光泽。

b.色彩多样，有金、银、红、蓝、绿等颜色。

c.生产工艺简单，易操作。

d.具有较强的视觉效果。

e.适用性广，如纸、皮革、塑料、有机玻璃等材质。

③烫金的作用。烫金的视觉效果是其他工艺无法代替的，主要作用有：

a.提高产品档次，提升产品附加值。

b.表现产品的特有性。

c.全息定位烫印可防止假冒，维护产品的品牌地位。

（2）烫金设备

烫金机压印方式有平压平、圆压平、圆压圆三种类型。日常生产中以平压平烫金机为主要设备。

烫金机的种类有手动式、半自动式、全自动式。机型有立式、卧式。

（3）烫金工艺参数

烫金工艺参数主要包括烫印温度、烫印压力和烫印速度。

①烫印温度。在烫印过程中，温度应达到生产条件才能完成烫印工艺。温度过低时，电化铝隔离层和胶粘层不能熔化，造成烫印不上或烫印不实。温度过高时，热熔性膜层超范围熔化，造成糊版和金属箔没有光泽。

②烫印压力。调整压力非常重要，应根据烫印物的实际条件而决定压力的大小。印品油墨量过大的印刷品，相对压力和温度需要偏高一些，并且印品在烫印前必须晾干，否则烫印后容易脱落或难以烫印上。印品油墨量较少时，相对压力和温度可稍小。

③烫印速度。烫印过程中，应调整好机器运行速度，保持电化铝箔停留在印刷品表面上的合理时间。通常情况下，电化铝箔停留在印品表面上的时间与烫印牢固度是成正比的。烫印速度稍微慢点，有利于保证烫印效果，烫印速度过快，易造成电化铝箔熔化不完全，致使烫印不上或烫印虚边。所以，正式烫印前应做好各项调试工作，保证产品的质量和生产顺利进行。

5）凹凸压印工艺

压印工艺俗称压凹凸，是利用阴阳图制成的锌版或铜版，通过外来压力的作用，使印品产生塑性变化，达到特有的艺术浮雕效果。凹凸压印效果如图8-4所示。

图8-4　凹凸压印效果

（1）凹凸的特点与作用

首先制作凹凸压印版，依照印刷画面所需的局部图文，复制出阴阳胶片，再使用锌版或铜版为凹凸版的材料，经过曝光、腐蚀的过程制成凹凸版。然后利用凹凸版将画面所需压印部分对准模版，通过机台的压力作用，压印出起伏的浮雕立体效果，使画面更有层次，图文更为生动。

压印工艺一般针对纸制品，使平面图文与立体图文相结合，粗犷与细腻相对比，产生艺术上的完美融合。

（2）压印工艺

压印工艺的流程包括制作压印版和凹凸压印。

①制作压印版。利用印版的阴阳胶片，通过曝光、腐蚀的过程，以锌版或铜版为材料制成凹凸版，压印版应成套使用，即阴版和阳版。凹版和凸版精确的程度要做到压印时阴阳版完全吻合。凹版需承受较强的压力，故制作凹版时选用强度较高的材料，厚度一般在2 mm左右。凸版受力较小，所以选用材料强度较低，厚度一般是凹版材料厚度的一半。

②凹凸压印。凹凸压印版制成后，将版安装到模切机台上，装版时要将压印版粘牢，定位准确，调整好模切机的适合压力。压印压力过小，凹凸效果不明显；压印压力过大，凹凸部分的承压容易破损。因此，压印的压力很重要，必须调整到最佳状态，使印刷品达到设计所要求的效果。

模切成型工艺

模切成型工艺是将印刷品经过模切加工后，制成所需的包装盒（原态型）、容器制品的工艺过程。

1）模切压痕

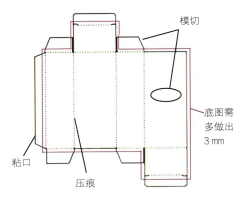

图8-5 模切压痕

模切压痕是同步生产工序，先制作模版，再利用模版通过模切机将印品轧切成所需的成品形状，这个生产过程称为模切压痕。模切压痕如图8-5所示。

模压版是由模版、钢刀和钢线制成。

模切压痕加工技术，主要针对各类纸制品、皮革等适合模切机生产的材料。

（1）模压原理

根据印品或样品的要求，将模切钢刀、钢线按照印品或样品的图形制作模切版。由模切版和底版中间相夹承压物，通过模切机的压力使印品模切成型。

（2）模切机分类

模切机分为半自动和全自动两种。模切机规格有4开机、对开机、全开机。

模切机与压板的结构，可分为平压平、圆压平和圆压圆三种。平压平机又分为立式平压平和卧式平压平两种。

（3）模切压痕工艺

模切压痕工艺分为设计模压版、制作模压版和上机模压版三种。

①模切压痕版的设计。模切压痕的版面是根据印品的规格大小而定，视印品的彩纸尺寸、质量要求、生产数量、适合生产的机台等要素，选用底版材料、钢刀、钢线等。模版制作的质量优劣，直接影响产品质量的优劣。

②压痕版的制作。

a.底版制作。根据印品或样品的设计要求，将结构平面图所需裁切的模切线、折叠线（压痕线）准确地复制到底版上，用模版机台对准复制图形锯列出镶嵌钢刀、钢线的缝槽，以备装入刀线所用。

b.钢刀钢线成型加工。根据制作的底版图形，按照所需钢刀、钢线的位置，将钢刀、钢线对应图形铡切成长短不一尺寸的断条，备组版所用。

c.排刀组版。将铡切成型的钢刀、钢线、衬空材料按照底版图形的要求组装到底版上，形成完整的模压版。包装刀版图如图8-6所示。

d.核对。针对成品的结构，对组装好的模压版进行一次全面检查核对，待确定钢刀、钢线的排列位置无误后即可固刀。

e.固刀。俗称卡版，用衬空材料将钢刀、钢线的缝隙挤紧固定，然后把模压版安装到固定的版框内。

f.压印样张。验证模切版是否符合制版要求，应把印品样张进行试压印样张，并且检查模版在固定框内的夹紧力是否合理，确定样张无误后，模版即可交付生产待用。

图8-6　包装刀版图

③上机模压。将制好的模切版固定到模切机台上，调整机台压力和校正模版、垫板的平衡水平位置，一切达到生产质量标准，即可进行批量生产。标准设备所造的包装盒，如图8-7所示。

附加设备所造的包装盒如图8-8所示。

购物袋造型如图8-9所示。

2）塑料软包装

根据设计的要求和不同类型产品的要求，可用多种复合的方式生产适合的材料，如双层复合、多层复合的结构，满足包装生产的需求。塑料软包装的好处很多，如有利于产品销售、携带方便、生产成本低等，是当前厂家选择产品包装的主要对象。塑料软包装，容易体现产品本色，视觉效果也很好。对产品进行包装的形式也很多，可随产品的外形变化。塑料软包装经济实惠，节省资源。

（1）复合薄膜的基材种类

复合薄膜的外层基材有聚酯、尼龙、拉伸聚丙烯、纸、铝箔等，这些材料应具有较好的印刷适性。复合薄膜的内层基材有聚乙烯、未拉伸聚丙烯、聚偏二氯乙烯、离子键聚合物等热塑性薄膜，这些材料便于制袋和热封。中层材料有纸、铝箔、双向拉伸尼龙等，这些材料具有提高复合薄膜的形状稳定性及阻隔性的特点。

基材主要有以下几种：

①防潮材料，如聚偏二氯乙烯、聚丙烯、聚乙烯、聚四氟乙烯、铝箔。

②气密性材料，如聚偏二氯乙烯、聚酯、尼龙、乙烯乙酸酯共聚物、铝箔。

③防透性材料，如聚偏二氯乙烯、聚酯、聚碳酸酯、聚丙烯、铝箔。

④耐油性材料，如聚偏二氯乙烯、聚乙烯、聚酯、尼龙、离子交联聚合物、铝箔。

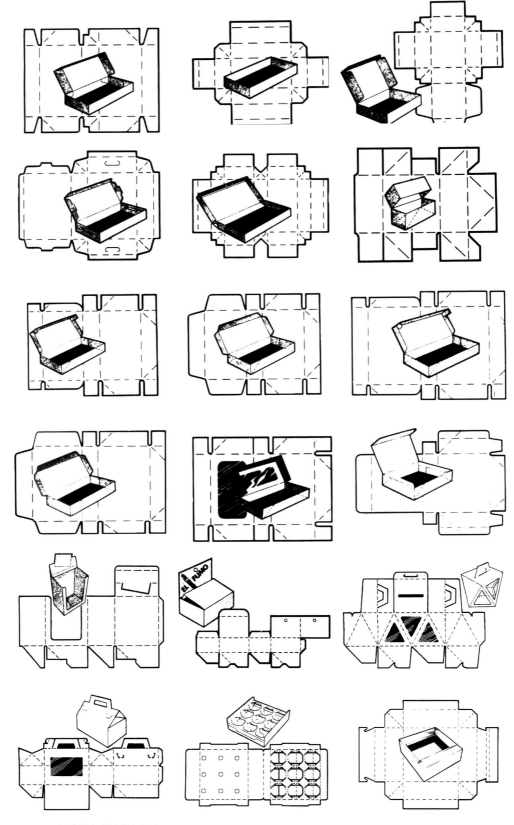

图8-7 标准设备所造的包装盒

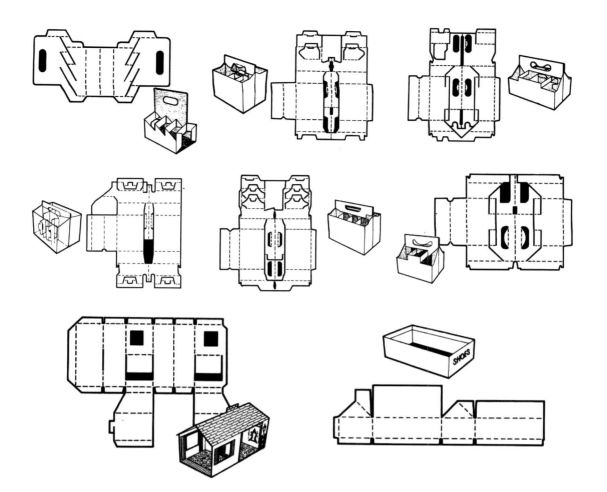

图8-8　附加设备所造的包装盒

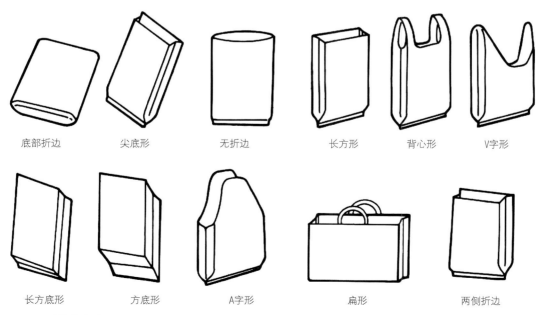

底部折边　　尖底形　　　无折边　　　长方形　　　背心形　　　V字形

长方底形　　方底形　　　A字形　　　　　扁形　　　　　两侧折边

图8-9　购物袋造型

⑤透明性材料，如聚氯乙烯、聚苯乙烯、聚丙烯、聚乙烯醇、聚酯。

⑥热封性材料，如聚乙烯、聚丙烯、乙烯-乙酸乙烯酯共聚物、聚氯乙烯等。

（2）复合工艺方法

复合工艺方法主要有干法复合、挤出复合、湿法复合、热熔复合、无溶剂复合、涂布、共挤出复合等。

干法复合是在各种基膜基材上涂布一层溶剂型黏合剂，经烘道将溶剂干燥后，再将两种或数种基材压合在一起的工艺方法。

挤出复合是以聚乙烯树脂（PR）等热塑性塑料作为黏合剂，经挤出机T形模头将经过加热熔融的PE挤出，在其处于熔融状态时涂布在基材上或将两种基材压合在一起，冷却定型后成为复合薄膜。

湿法复合是将黏合剂涂布在一种基材上，然后与另一种基材压合在一起，再进烘箱蒸发掉溶剂和水分的方式。

热熔复合是对固体溶胶经过加热形成液态再施加到基材上，通过压力使两种基材压合在一起的复合工艺。

无溶剂复合是特殊的干式复合，把无溶剂的黏合剂施加到一种基材上，与另一种基材在压力下压合在一起，干法复合和挤出复合的材料使用最为广泛。

（3）分切工艺

复合材料的分切包括卷筒的分切和成品的分切。材料复合成型后，往往需要切除废边，并按产品生产要求将其分切成所要求的尺寸，再进行复卷，成为成品。二次加工时，也需要按工艺要求将大卷材料分切成若干小卷。成品的分切是成型加工的最后一道工序，如制袋封合成型后，按袋的规格大小切割，成为完整的袋制品。

分切工具一般采用圆形滚刀或平片刀两种。圆形滚刀，又称旋转型剪切刀，可用于所有卷筒式包装材料。平片刀，又称为平板剃刀式纵切刀，具有结构简单、切口平整的优点，常用于厚度不大于0.13 mm的塑料薄膜。

（4）制袋工艺

袋是由纸、塑料、铝箔或其他材料做成的，其一端或两端封闭，并有一个开口，以便装进被包装产品的一种非刚性容器。

①袋的种类。按其结构中所包括的制袋材料的层数分为单层、双层和多层（或三层以上）三种。双层袋也常被称为多层袋。按用途分为小袋和大袋两种。小袋多为单层袋，主要用于零售商品和食品的包装。大袋为多层复合结构，牢固度强，多用于水泥、化肥、大米等包装。按袋的形状分为缝合敞口袋、缝合闭式袋、黏合敞口袋、黏合闭式袋、扁底敞袋等。

②热封原理及热封的方法和方式。热封就是对塑料薄膜进行焊接，即利用外界条件使塑料基材薄膜的封口部分变成黏流状态，并借助于热封刀具的压力，使上下两层薄膜彼此融合一体，冷却后保持一定强度。常用的方法有手工焊接、高频焊接、热板焊接、脉冲焊接、超声波焊接等。热封方式主要有边封合、底部封合和双封合三种。

3）金属制罐工艺

金属罐是用最大公称厚度0.49 mm金属材料制成的硬质容器。罐是用金属薄板制成的容量较小的容器。由于没有"薄板"和"容量"的定量概念，所以桶和罐的界限不是绝对的。

（1）金属罐的分类和特点

①金属罐的分类。按罐形分为圆罐、方罐、椭圆罐、梯形罐和马蹄形罐；按开启分为开顶罐、易拉罐、卷开罐等；按内壁有无涂料分为素铁罐和涂料罐；按材质分为马口铁罐、铝罐和TFS罐。

②金属罐的特点。金属包装容器具有很好的力学性能，比其他材料的容器耐抗冲击力，广泛用于食品、医药、化工、轻工、燃料等行业。

（2）制罐工艺

金属罐有两片罐和三片罐两种生产方式。

①两片罐的生产工艺。两片罐由罐身和罐盖组成，罐盖的结构为统一的易开盖，印后同样需要进行涂罩光油和制罐加工。

两片罐罐身的加工方法有变薄拉伸罐和深冲拉拔罐两种。

②三片罐的生产工艺。三片罐由罐身、罐底和罐盖组成，印制后需要进行涂罩光油及制罐加工。

a.涂罩光油。用光油涂布印刷后的金属表面，能使印件表面增加光泽和美观，并可保护印刷面。同时，也能增加一定伸拉性和硬度，并能使印刷面的涂膜具有一定的柔韧性和耐化学腐蚀性。

b.制罐加工。制罐加工是将卷材切成长方形板材，切成长形坯料并卷成圆筒，再焊侧缝修补合缝处的涂层。根据需要切割筒体，形成凹槽或波纹，之后在两端形成凸缘并安上端盖，（一般生产三片罐时，先封闭一端，另一端在完成产品包装后封闭）检验后堆放。

三片罐的生产制造方法有锡焊法、电阻焊法和黏结法三种。主要区别在于罐身接缝方法，而下料、罐底和罐盖的加工基本相同。罐底、罐盖与罐身的结合，基本采用二重卷边的方法。

（3）封底

罐身与底盖通过封罐机械的上压头、下托盘、头道和二道卷边滚轮四个部件进行卷合，形成二重边。

8.3 书刊装订

1）书刊装订发展概要

书籍装订技术起源于印刷术发明之前。我国书籍装订的形式，大致上是由龟册和简策的简单装订开始，经过卷轴装发展成为经折装、旋风装、蝴蝶装、和合装、包背装、线装等古代装订形式。现代的装订主要是平装、精装、骑马订装、特装、活页装订书等形式。

（1）龟册装

殷商时代，就有了"龟册"之称。龟册是我国最早的装订形式。制作龟册的材料是乌龟壳和牛羊的肩胛骨。制作龟册的方法，是把刻了字的龟甲、兽骨串连起来。

（2）简策装

龟册装笨重，因此人们逐渐用竹木为材料取代甲骨记录文字。人们把文字写在竹条上的称为"简"，写在木板上的称为"牍"，统称为"简"。为了便于收藏，将竹木简上下穿孔，用丝线绳或藤条逐个编连起来，这种竹木简就称为"策"，也称为"简策"。有时在策的开头，还编加两根无字的空白简，以保护正文，称为"赘简"。

图8-10　旋风装

（3）卷轴装

在春秋末期、战国初期，我国开始用缣帛写书，即将文字、图像写绘于丝织品上，这就是帛书。帛书的装帧方法比较简单，绝大多数是采用卷起来的方法，即写好后从尾向前卷起，故名卷轴装。

（4）旋风装

卷轴最大的缺点就是阅读起来很不方便。旋风装是最初的页子形式的书，它是在卷轴装的基础上发展起来的。它的装订方法是以一幅比书页略宽而厚的长条纸作底，而后将单面书写的首页全幅粘裱于底纸的右边，其余书页因系双面书写，故从每页右边无字之空条处粘一条纸，逐页向左，逐次相错地粘裱在每页的底纸上，如图8-10所示。

（5）经折装

经折装亦称页子装。经折装的制作工艺方法是把这个长条按照一定的规则左右连续折叠起来，形成一个长方形的折子。为了保护首尾页不受磨损，再在上面各粘裱上一层较厚的纸作为护封，也叫书衣、封面。因为这种方法最先使用于佛教经书，所以称为经折装，如图8-11所示。

（6）蝴蝶装

蝴蝶装又称蝶装。蝴蝶装的制作工艺方法是将每张印好的书页，向印有文字的一面对折，折线必须在一版中缝的中线上，然后将其中缝处粘在一张用以包背的纸上。这种装帧的书籍，打开来版口居中，书页朝两边展开，如蝴蝶展翅，故名蝴蝶装，如图8-12所示。

图8-11 经折装

图8-12 蝴蝶装

（7）和合装

和合装是继蝴蝶装之后出现的一种比较简便的装订方法。它的特点是书芯和封壳可以分开，书芯可以随时更换，封壳硬而耐用。直到目前，有的活页文件还采用和合装，但其更多是用于各种账册、账卡、户口簿等。

（8）包背装

包背装是在蝴蝶装的基础上发展而来，与蝴蝶装不同的地方是将印好的书页正折，折缝成为书口，使有文字的一面向外，然后将书页折缝边撞齐，压平，在折缝对面的一边用纸捻订好，砸平固定。而后将纸幅以外余幅裁齐，形成书背。再用一张比书页略厚的整纸作为前后封面绕过书背粘于书背，再将天头地脚裁齐，一部包背装书籍就算装帧完毕。这种装订方法的特点是包括书背，故称包背装。包背装和蝴蝶装的区别，如图8-13所示。

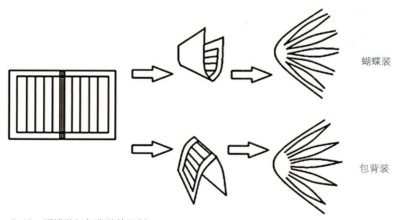

蝴蝶装

包背装

8-13 蝴蝶装与包背装的区别

（9）线装

线装与包背装基本相同，只是装订时不用整张纸包背书衣，而是将封面裁成与书页大小相同的两张纸或布，而后与书页一起打眼穿线装订成册。这种装订方法是我国传统的装帧方法，既方便阅读，又不易破散。再配以各种式样的书函，显得格外古朴典雅，直到今天有些书籍还是采用这种装订方式。

（10）平装

平装是现代书籍、图册的主要装订形式之一。通常使用纸封面和覆膜形式，以齐口居多，也有有勒口的。平装的书芯加工有多种方式：铁丝平订、缝纫订、三眼线订、无线胶订、锁线订、塑料线烫订等。平装工艺简单，使用方便，价格低廉，是目前我国应用最普遍的装订形式。

（11）精装

精装是指书籍的一种精致装订方法。一般以纸板作为书壳，经装饰加工后做成硬质封面，其面层用料有布、纸、麻类、丝类织物、漆布、人造革等，也有用塑料膜作套壳。精装书芯加工，一般包括上胶、压平、烘干、扒圆、起脊、贴纱布、粘堵头布和丝签等工序。书芯可以加工成圆背和方背。精装书背不同于平装书，有硬背装、腔背装和柔背装。精装的优点是加工精细、美观、大方，容易翻阅，便于长期保存。但因用料较贵，装订时加工费用较高，因而在我国，精装书所占比重不大。

（12）骑马订装

在骑马配页订书机上，把书帖和封面套合后跨骑在订书架上，将铁丝从书刊的书脊折缝外面穿进里面，用两个铁丝钉扣订牢，称为骑马订，如图8-14所示。

图8-14　骑马订装

（13）特装

特装也称艺术装或豪华装，是精装中一种特殊加工的装帧方法。特装书籍的加工，除精装书籍应有的造型之外，还要在书芯的三面切口上喷涂颜色或刷金，也有的将书壳背部处理成竹节状，封面上进行镶嵌等艺术加工，以区别书籍的品级。这种加工后的产品实用又美观，具有较高的欣赏价值，如图8-15所示。

（14）活页装

活页装一般都是以单页为主，装订方法是在纸页的装订线上打一列小孔或金属螺旋圈或爪片订联成册，如图8-16所示。

2）书芯加工

（1）折页工序

折页是书刊装订加工的第一个工序，将印刷好的大幅印张按页码顺序和版面设定的成品线折成书帖（也称为每手纸）。

①排列的方式。折页方式随版面排列的方式不同而变化。在选择折页方式时，还要考虑书的开本

图8-15　特装　　　　　　　　　　　　　图8-16　活页装

规格、纸张厚薄等因素的影响。折页方式分为平行折、垂直交叉折和混合折三种。相邻两折的折缝相互平行的折页方式称为平行折页法；相邻两折的折缝相互垂直的折页方式称为垂直交叉折页法；在同一书帖中，折缝既有相互垂直的，又有相互平行的，这种折法称为混合折页法。版面页数编排法如图8-17所示。

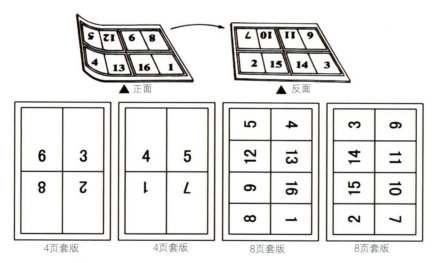

图8-17　版面页数编排法

翻版印刷如图8-18所示。

书籍编排步骤如图8-19所示。

宣传品折页方式如图8-20所示。

②折页设备原理。

　a.刀式折页机。刀式折页机的折页机构是利用折刀（砍刀）将印张压入相对旋转的一对折页辊中完成折页工作。

　b.栅栏式折页机。栅栏式折页机的折页机构是利用折页栅栏与相对旋转的折页辊相互配合完成折页工作的。栅栏式折页机与刀式折页机一样都是由给纸、折页、收帖三部分组成，它们的主要区别在于折页机构不同，刀式折页机折页由折刀和折页辊配合完成，而栅栏式折页机则是由折页栅栏和折页辊配合完成折页。

　刀式折页机和栅栏式折页机如图8-21所示。

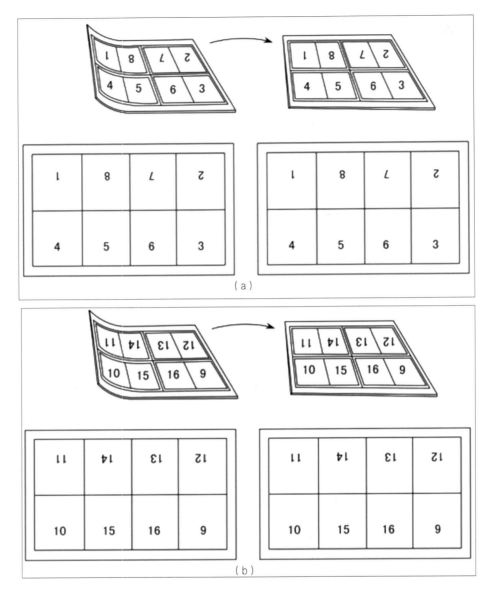

图8-18 翻版印刷

64P书籍排落版方式

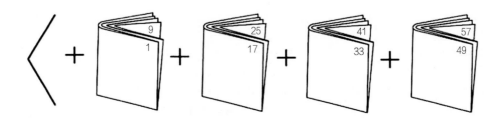

图8-19 书籍编排步骤

宣传品折页方式

图8-20　宣传品折页方式

（2）配页工序

将折叠好的，即根据需要经过粘单页的书帖按页码的顺序组成书册的工艺过程称为配页。各种书刊，除单帖成本之外，都要经过配页工序加工才能成本。因此，配页是书刊装订工作的主要工序之一。在配页加工中，为保证所配册的质量和便于下一道工序的进行，要在配页前进行上蜡，配页后进行捆书、浆背的加工。

（3）订联工序

订联工序是将配好的散帖书册通过各种各样的方法连接，使之成为一本完整书芯的加工过程。订联工序的订联方法有铁丝订、锁线订、缝纫订、三眼订和无线胶订。

①铁丝订。铁丝订是用铁丝将散帖连接成书册。其在书刊装订中是一种常见的订联形式，使用广泛，操作方便，易加工。但铁丝受潮易生锈，导致书籍损坏，在南方潮湿的气候中不太适用。完成订书操作的机器为订书机。铁丝订分为骑马订和平面订两种。订书机又分为单头订、双头订、半自动订、骑马联动订等。

②锁线订。经配页后的书帖，用手工或锁线机按书帖页码顺序一帖一帖地用纱线沿订缝串连起来，

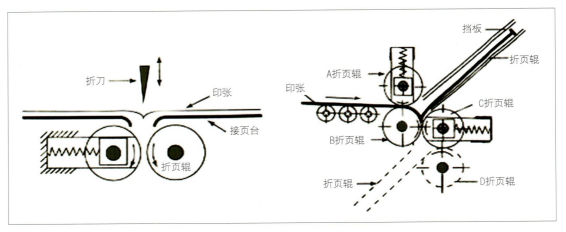

图8-21　刀式折页机和栅栏式折页机

并使各帖之间互相锁紧成册，成为半成品书芯的过程称锁线订。锁线订分为平订和交叉订两种。平订又分为普通平订和交错平订两种。

③缝纫订。缝纫订是将配好的书册，经撞齐、捆浆、分本，用工业缝纫机沿书脊距订口约8 mm处或最后一折缝线订缝一条连线，将散帖连接成书册的方法。这种方法连接的书册，牢固耐用，订线不怕潮湿，但出书速度慢，不适用于联动化的大量生产而且费工费料。因此，仅适用于证、册和特殊工作物的装订。

④三眼订。将配后撞齐、捆浆、分本后的书芯，离书脊5～7 mm处打穿三个眼孔，用双股粗纱线穿订，打结牢固后成为一本书册的连接方法。这种方法可以订联各种特厚书册，但只能用手工操作，效率太低，而且书册过厚，翻阅不方便。

⑤无线胶订。无线胶订是一种用胶黏剂代替金属或棉线等将散页帖的书芯连接成册的方法，书帖与书页完全靠胶黏剂黏合。这种方法不用铁丝，不用棉纱，只用各种胶黏材料将书帖与书页沿订口相互黏结在一起。生产效率高，出书速度快，阅读方便，适合于机械化、联动化、自动化的生产。用无线胶订装订的书芯，既能用于平装，也能用于精装。

3）平装工艺

平装工艺有胶装工艺、线装工艺等。胶装和线装的装订过程如图8-22所示。

（1）平装装帧的工艺和设备

平装书籍的装帧，主要指包本工序的加工。包本是将订或锁后的书芯包上封面，成为一本完整的平装书册，包括手工包本、机器包本、烫背、勒口等的操作过程。平装包本也称包封面、上封面、包皮子、裹皮子等。平装书刊的封面有带勒口和无勒口两种。有无勒口在装订工艺上有很大的差别。无勒口平装书是先包上封面后进行三面裁切成为光本；有勒口平装书是先将书芯切口裁切好后包封面，再将封面宽出部分折到封里去，最后再进行天头、地脚的裁切成为光本。由此可见，有勒口平装书比无勒口平装书增加了两道工序。

①勒口与复口。勒口与复口是平装装帧的一种加工形式，一般适用于比较讲究的一些平装本书刊。其作用是保护书芯，使书册延长使用寿命。由于勒口与复口的书刊加工数量少，因此，目前几乎全部用手工操作来完成。

②烫背工作和要求。烫背是将包好封面的书册进行烫压，使书脊烫平、烫实和烫牢的加工。烫背方式主要有平烫和滚烫，由烫背机来完成。采用平烫式烫背机进行烫背时把书背朝下，左右挤紧，从上面施加压力，使书背紧靠下面的加热平台，在加热平台的作用下把书背的胶液烘干、书背烫平。这种方法烫背速度慢，烘干时间长，书册两头挤出的胶液会粘牢书页和脏污平台，使书背的表面损坏。采用滚烫

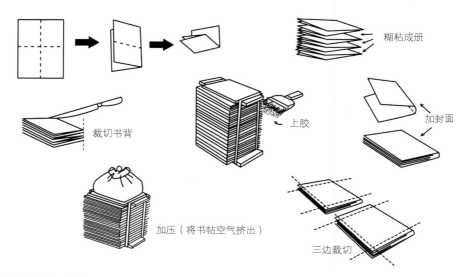

胶装和线装的装订过程

糊粘成册

裁切书背

上胶

加封面

加压（将书帖空气挤出）

三边裁切

图8-22　胶装和线装的装订过程

式烫背机烫背时把书背朝上，前后压紧，送入烫背部位，烫背部位由一组加热的钢辊组成。烫背时，工作台托着书本做往复运动，缢几次来回滚压便可烘干胶液，烫平书背，这种方法，烫背速度较快，而且装书量大。

进行烫背操作时，将一摞包好的书册撞齐，书背朝下放入烫背加热台上和两个夹书板之间，然后踏动或用手搬动加压闸。上压板和两侧夹书板均同时向书册方向靠拢加压和夹紧。待一定时间后将闸松开，使上书压板升起和夹紧板松开。将烫好的书册取出，使书册竖立起，检查后堆放在堆书台上，完成烫背操作。堆放时，要码放整齐，书背部分一律不得露在外面，以免将不完全干燥的书背碰坏，影响书册的外观质量。

③手工包本。手工包本即用手工操作将封面包住书芯成为书册的工作过程。手工包本有两种：一种是较早的老式方法，操作时要分五个过程完成，即折封面、刷胶黏剂、粘封面（或点浆）、刷后背胶黏剂、包面；一种是比较近代的手工操作方法，即将前五个分散的过程合在一起进行加工的方法。这种操作通称为"五合一"包本法。"五合一"包本法提高了生产效率，被大多数生产厂家采用。

折封面是将印刷好的封面，按一定规格切成适当的尺寸后，按书册厚度齐书脊边线的一面将封面反折（正面朝里折）。

手工折封面的方法有两种：一种是先用铜皮等制成折封面板，然后将封面一叠（一般为100张）正面朝上横向放平在工作台板上，左手拿折封面板按一定规矩齐折缝线摆正压住，右手从右面掀起一张封面，齐折封面板的压线边折叠压实，左手挑起折封面板和封面，右手再抽出折好的封面放在右面的工作台板上；一种是用左手拇指压住折缝线（代替折面板），右手齐折缝线后对齐上下规矩边进行折叠，如果遇到书背没有字、框、图案时，还可采用一沓沓地折叠，然后再一张张地抽出的方法，这种操作速度快，但准确性不如一张张地折叠好，因此这种折法较少采用。

④包本机的工作原理及操作方法。根据包本机外形分类分为直线型（亦称长条式）包本机和圆盘型包本机。直线型包本机操作时，可单独使用，也可与本机联结为订包联动机进行加工，多用于薄本书刊的加工，单双联均有。较厚的书册一般则采用圆盘式包本机或无线胶订机进行加工。

a.长条式包本机。长条式包本机的操作过程有进本和输送、刷胶黏剂、输送封面及压槽定位、包封面、收书检查。

b.圆盘型包本机。圆盘型包本机工作时，主要通过大夹盘的旋转输送进行包本。目前圆盘型包本机采用匀速间歇旋转运动，每间歇一次包一本书册，用手工续本的方法进本。圆盘型包本机在操作前要根据书刊的薄厚、幅面的大小调整好各规矩位置，配制、加热胶黏剂，撞齐堆放封面，其操作过程是：进本、输送、刷胶、粘封面、夹紧、收书。

（2）包本的质量标准

①包本前要核对书芯与书封面的书名、册和卷是否统一相同，切忌张冠李戴。

②所用胶黏剂要根据封面的纸质及书芯的厚薄调制和使用，以保证书芯与书封之间的黏着力，刷胶黏剂要均匀，浆口宽粘不得超过4 mm，以盖住订钢与线痕为准。

③包书本册字要正、框线直、准确无误、背要紧、不上下掉（即齐头部分凸出或缩进）、不出松套使烫背后无皱褶岗线。

（3）裁切的工艺和设备

纸张裁切机械分为单面切纸机和三面切书机两大类。单面切纸机可以用来裁切装订材料（纸张、纸板及塑料布等）、印刷的成品及半成品，应用范围较广。三面切书机主要用来裁切各种书籍和杂志的成品，是印刷厂的装订专用机械，裁切书刊的效率高、质量好。单面切纸机和三面切书机在结构上虽有不同，但裁切原理和主要部件是基本相同的。

①单面切纸机。单面切纸机的主要部件是推纸器，它是作为规矩用的，推送纸张并使其定位；压纸器将定好位的纸张压紧，以免在裁刀下切时发生移动而影响裁切质量；刀条通常用护切口，并使下层纸张能完全裁透，保证质量。此外还有侧挡规，它与推纸器互成直角，以保证所裁切的纸张邻边相互垂直。

②三面切书机。切书是指将印刷好的页张，经折、配、订、包加工后，切去三面毛边成为一本书册的操作过程。切书是平装加工中最后一道工序。切书还包括精装书芯半成品的裁切和双联本的切断（俗称断段或断页）。所用机器以三面切书机为主，单面切纸机为辅。

三面切书机由于机型不同，操作方法也有所不同，有手动三面切书机、半自动三面切书机和自动三面切书机三种。手动三面切书机是通过活动夹书板的转动，利用单面切书刀的下压，将书册一面面地裁切直至裁完三面。操作时，将一叠待切书册（高150～200 mm）撞齐后放入手动式三面刀活动夹书板上，夹紧上压板后搬动或踏动刀把裁切一面。然后，用手摇动活动夹转至另一面再进行裁切，直至切完三面。这种切书机劳动强度大、效率低。

半自动三面切书机是目前常用的一种三面切书机，其特点是可以连续裁切8开以内的各种纸张的书籍。操作简单，安全，易掌握。这种切书机在切书时，侧刀与门刀分别下降，依次裁切书册三面的毛边，还可根据需要分别裁切书册的一面或两面。

自动三面切书机在裁切品输入方式方面比半自动三面切书机先进，它由自动进书装置将堆积的毛边书籍送入裁切工位，一次性连续裁切其三面边缘，并自动送出。

（4）平装联动机

为了加快装订速度，提高装订质量，避免各工序间半成品的堆放和搬运，因此多采用平装联动机订书。

①骑马装订联动机。骑马装订联动机也叫三联机。它由滚筒式配页机、订书机和两面切书机组合而成。能够自动完成套帖、封面折和搭、订书、三面切书累积计数后输出，配备有自动检测质量的装置。

骑马装订联动机生产效率高，适合装订64页以下的薄本书籍，如期刊、杂志、练习本等。但是，书帖只依靠两个铁丝扣连接，因而牢固度差。

②胶黏订联动机。无线胶订联动机，能够连续完成配页、撞齐、铣背、锯槽、打毛、刷胶、粘纱布、包封面、刮背成型、切书等工序。有的用热熔胶黏合，有的用冷胶黏合。自动化程度很高，每小时装订数量高达8 000册，有的还要多。

4）精装工艺

精装书的封面、封底一般采用丝织品、漆布、人造革、皮革或纸张等材料，粘贴在硬纸板表面做成书壳。按照封面的加工方式，有书脊槽和无书脊槽书壳。书芯的书背可加工成硬背、腔背和柔背等，造型美观、坚固耐用。

精装书的装订工艺流程为：书芯的制作——书壳的制作——上书壳。

（1）书芯的制作

书芯制作的前一部分和平装书装订工艺相同，包括裁切、折页、配页、锁线与切书等。在完成上述工作之后，就要进行精装书芯特有的加工过程。书芯为圆背有脊形式，可在平装书芯的基础上，经过压平、刷胶、干燥、裁切、扒圆、起脊、刷胶、粘纱布、再刷胶、粘堵头布、粘书脊纸、干燥等加工过程来完成精装书芯的加工。书芯为方背无脊形式的就不需要扒圆。书芯为圆背无脊形式，就不需要起脊。

①压平。压平是在专用的压书机上进行，使书芯结实、平服提高书籍的装订质量。

②刷胶。用手工或机械刷胶，使书芯达到基本定型，在下道工序加工时，书帖不发生移动。

③裁切。对刷胶基本干燥的书芯，进行裁切，成为光本书芯。

④扒圆。由人工或机械，把书的背脊部分处理成圆弧形的工艺过程，叫作扒圆。扒圆以后，整本书的书帖能互相错开，便于翻阅，提高了书芯的牢固程度。

⑤起脊。由人工或机械把书芯用夹板夹紧夹实，在书芯正反两面，接近书脊与环衬连线的边缘处，压出一条凹痕，使书脊略向外鼓起的工序称为起脊，这样可防止扒圆后的书芯回圆变形。

⑥书脊的加工。加工的内容包括刷胶、粘书签带、贴纱布、贴堵头布和贴书脊纸。贴纱布能够增加书芯的连接强度和书芯与书壳的连接强度。堵头布贴在书芯背脊的天头和地脚两端，使书帖之间紧紧相连，不仅增加了书籍装订的牢固性，又使书籍变得美观。书脊纸必须贴在书芯背脊中间，不能起皱和起泡。

⑦裱卡。裱卡是指在活络套书芯的两面粘上硬质卡纸的加工工艺。贴硬质卡纸有两种方法：一种是将硬质卡纸放在上下环衬上；另一种是将卡纸直接粘在订口上。裱卡后的书芯经压平、干燥、三面裁切制成光本书芯，然后再进行书芯加工。

（2）书壳的制作

书壳是精装书的封面。书壳的材料应有一定的强度和耐磨性，并具有装饰的作用。

用一整块面料，将封面、封底和背脊连在一起制成的书壳，称为整料书壳。封面、封底用同一面料，而背脊用另一块面料制成的书壳，称为配料书壳。做书壳时，先按规定尺寸裁切封面材料并刷胶，然后再将前封、后封的纸板压实、定位（称为摆壳），包好边缘和四角，进行压平即完成书壳的制作。由于手工操作效率低，现改用机械制书壳。

制作好的书壳，在前后封及书背上压印书名和图案等。为了适应书背的圆弧形状，书壳整饰完以后，还需进行扒圆。

（3）上书壳

把书壳和书芯连在一起的工艺过程，称为上书壳，也称套壳。

上书壳的方法是先在书芯的一面衬页涂上胶水，按一定位置放在书壳上，使书芯与书壳一面先粘牢固，再按此方法把书芯的另一面衬页也平整地粘在书壳上，整个书芯与书壳就牢固地连接在一起了。最后用压线起脊机在书的前后边缘各压出一道凹槽，之后加压、烘干，使书籍更加平整、定型。如果有护封，则包上护封即可出厂。

精装书的装订工序多、工艺复杂，用手工操作时，操作人员多、效率低。目前采用精装联动机，能自动完成书芯供应、书芯压平、刷胶烘干、书芯压紧、三面裁切、书芯扒圆起脊、书芯刷胶粘纱布、粘卡纸和堵头布、上书壳、压槽成型、书本输出等精装书的装订工艺。

9

印刷设计实例与欣赏

（1）海报类

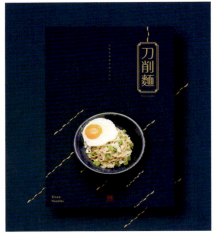

图9-1

图9-2

图9-3

图9-4

（2）宣传单、杂志类

图9-5

图9-6

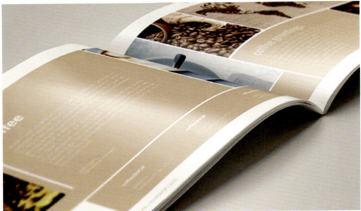

图9-7

图9-8

图9-9

图9-10

图9-11

图9-12

（3）书籍类

图9-13

图9-14

图9-15

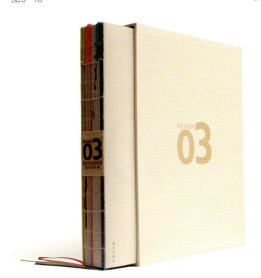

图9-16

图9-17

图9-18

图9-19

图9-20

图9-21

（4）包装类

图9-22

图9-23

图9-24

图9-25

图9-26

图9-27

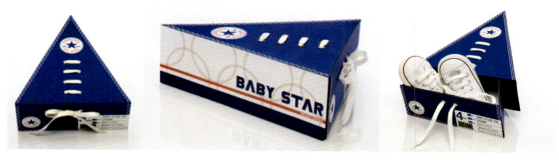

图9-28

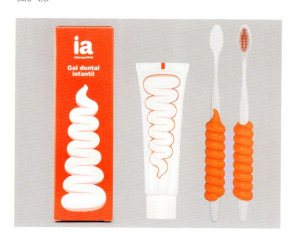

图9-29

图9-30

图9-31

图9-32

图9-33

图9-34